跨領域學

Python

資料科學基礎養成

施威銘研究室 著

感謝您購買旗標書，
記得到旗標網站
www.flag.com.tw

更多的加值內容等著您…

<請下載 QR Code App 來掃描>

● FB 官方粉絲專頁：旗標知識講堂

● 旗標「線上購買」專區：您不用出門就可選購旗標書！

● 如您對本書內容有不明瞭或建議改進之處，請連上
旗標網站，點選首頁的 聯絡我們 專區。

若需線上即時詢問問題，可點選旗標官方粉絲專頁
留言詢問，小編客服隨時待命，盡速回覆。

若是寄信聯絡旗標客服 email，我們收到您的訊息
後，將由專業客服人員為您解答。

我們所提供的售後服務範圍僅限於書籍本身或內
容表達不清楚的地方，至於軟硬體的問題，請直接
連絡廠商。

學生團體　　訂購專線：(02)2396-3257 轉 362
　　　　　　傳真專線：(02)2321-2545

經銷商　　　服務專線：(02)2396-3257 轉 331
　　　　　　將派專人拜訪
　　　　　　傳真專線：(02)2321-2545

國家圖書館出版品預行編目資料

跨領域學 Python：資料科學基礎養成 / 施威銘研究室 著 .--
臺北市：旗標，2020.11　面；公分

ISBN 978-986-312-640-9 (平裝)

1. Python (電腦程式語言)

312.32P97　　　　　　　　　　　　　109010412

作　　者／施威銘研究室

發 行 所／旗標科技股份有限公司

　　　　　台北市杭州南路一段15-1號19樓

電　　話／(02)2396-3257(代表號)

傳　　真／(02)2321-2545

劃撥帳號／1332727-9

帳　　戶／旗標科技股份有限公司

監　　督／陳彥發

執行企劃／王寶翔

執行編輯／王寶翔

美術編輯／林美麗

封面設計／薛詩盈

校　　對／王寶翔‧陳彥發‧留學成

新台幣售價：480 元

西元 2023 年 9 月初版 4 刷

行政院新聞局核准登記-局版台業字第 4512 號

ISBN 978-986-312-640-9

版權所有‧翻印必究

序 PREFACE

生為一個文科系出身的程式學習者, 筆者非常了解初學程式時的困難與痛苦。尤其, 學程式向來被視為是理工人士的專利, 所以電腦書幾乎是由同樣的人執筆。這些書就和我們對於程式設計師的傳統印象差不多:沉悶、無趣、一板一眼。

然而, 學程式已經慢慢不再侷限於理科生 —— 世界各國 (包括台灣) 都已經在教育體系正式納入資訊教育, 當中就包含程式設計。一如過去你得學數學、英文, 學程式也將逐漸成為貨真價實的全民運動。而就算你已經身在職場, 也越來越有可能會被要求學習程式。

許多人對於學程式深感卻步, 因為它一方面聽起來很難和陌生, 二來難以想像有什麼實際用處。但是, 假如你懂得運用電腦的威力來處理和分析資料, 其好處就是無窮的。

舉些例子:歷史學家可以分析鐵達尼號乘客的身分、社會地位和其船艙等級, 分析哪些條件有利於他們生還。公共運輸專家能分析共享單車的租借數據, 判斷天氣對租借次數有多大的影響。或者, 流行病學家能建立預測模型, 來判斷流感人數在何時會達到高峰, 並藉此採取適當的疫情控制手段。

也就是說，只要你能將資訊科技與其他學科 —— 比如你自己的學科 —— 跨領域結合，就能創造出全新價值。新價值意味著商機，商機將帶來需求，這使得你最終有能力提高自己的薪資待遇。對許多文科系學生來說，這不啻是個令人振奮的消息（起碼讓你不至於一畢業就失業）。

而對初學者極為友善的 Python，以及其非常實用的資料科學套件，自然成了許多文科生學程式的首選。大家都在學 Python，你為何不呢？

但回到一開始提到的問題：許多電腦書讀來很無趣，讀了也往往不知道能拿來做什麼。甚至，有些書一開始就應該講清楚的基本觀念，兩三句就帶過去了，連筆者自己也因此白費了許多光陰。

這本書就是為了突破這些現況而生 —— 一本特地為文科生們而寫的 Python 兼資料科學完全入門書。與其條列式地帶過一大堆功能，我們改採更輕鬆的口吻和循序漸進的教學，同時不忘強調關鍵概念，讓讀者能順暢探索 Python 語言的美妙世界。

當然，這本書只是個開端，它終究是程式語言和資料科學領域的一塊敲門磚。但是起碼，有了這本書的指引，你在初次進入程式國度的路上，就不太會再感到徬徨無助了。

Hasta la vista, baby.

2020 年 11 月

目錄
CONTENTS

第 0 章　有沒有 Python 超好用的八卦？

0-0　最簡單的 Python 程式 0-3

0-1　資料視覺化 0-8

0-2　從網路抓資料 0-10

0-3　資料分析大神 Python 0-13

0-4　繼續往下翻之前的兩三事 0-15

0-5　準備好了嗎？執行這個程式 0-16

第 1 章　運算式、變數與資料型別

1-0　運算式：可算出值的式子 1-2

1-1　Python 的基礎資料型別 (type) 1-5

1-2　變數：給資料一個名字 1-9

1-3　變數的型別 1-14

1-4　變數的命名 1-15

第 2 章　邏輯判斷

2-0　用 if-else 做判斷 2-2

2-1　條件運算式 2-6

2-2　多重的 if 與 elif 2-12

2-3　以 input() 輸入資料 2-15

2-4　以 random 模組產生亂數 2-17

第 3 章　串列 list 與字典 dictionary 資料結構

3-0 串列 (list)：收集一連串資料的容器...3-2

3-1 串列切片 slicing：擷取串列中某範圍的一些元素.....................3-8

3-2 串列資料的增刪、加總與排序..3-11

3-3 字典：有鍵、值對照表的容器..3-15

3-4 其他資料結構：tuple 與集合...3-21

第 4 章　for、while 迴圈與走訪 iteration

4-0 做 10 件事情就要寫 10 行程式？可以少一點嗎？.....................4-2

4-1 用 for 迴圈走訪容器...4-4

4-2 用 for 迴圈產生索引來存取另一個容器.......................................4-8

4-3 用 for 迴圈走訪字典...4-14

4-4 while 迴圈：有停止條件的迴圈...4-17

第 5 章　數值、字串與簡易統計計算

5-0 Python 數值處理..5-2

5-1 math 模組...5-6

5-2 簡易統計量數計算..5-7

5-3 Python 字串處理..5-12

5-4 字串走訪、擷取及與串列的互轉...5-20

第 6 章　自訂函式 Function

6-0 用 def 自訂函式...6-2

6-1 能傳遞參數的函式..6-5

6-2 呼叫函式常見的錯誤與解決方法..6-6

6-3　有傳回值的函式 6-10

6-4　函式內外變數的差異：區域變數 vs. 全域變數 6-13

第 7 章　數值資料分析與其視覺化：
　　　　使用 NumPy 及 matplotlib

7-0　認識 NumPy 與 matplotlib 7-2

7-1　NumPy 的基礎：ndarray 陣列 7-4

7-2　ndarray 陣列的運算及統計 7-7

7-3　將 ndarray 畫成折線圖：使用 matplotlib 7-11

7-4　直方圖與箱型圖：比較資料的偏度及離散程度 7-16

第 8 章　資料相關度與簡單線性迴歸分析
Data correlation coefficient
and simple linear regression

8-0　相關係數 (correlation coefficient)：資料的相關程度 8-3

8-1　簡單線性迴歸 (linear regression)：預測資料的模型 8-7

8-2　簡單線性迴歸的視覺化 (visualization) 及圖表調整 8-11

8-3　非線性迴歸模型 補充 8-18

第 9 章　報表處理及視覺化：
　　　　使用 pandas 及 seaborn

9-0　使用 pandas 匯入並分析資料 9-3

9-1　DataFrame 物件的行列選取及統計量數 9-6

9-2　以 seaborn 將報表資料視覺化 9-11

9-3　讀取空汙資訊的 CSV 格式報表 9-20

第 10 章　爬取網路資料：使用 requests

10-0　用 requests 存取網路資源..10-2

10-1　以 requests 取得網路服務..10-5

10-2　解析網路服務的資料內容..10-8

10-3　網路服務實用範例：中央氣象局 36 小時天氣預報............10-17

10-4　網路資料圖形化：以地震震度統計為例................................10-25

第 11 章　多元線性迴歸分析：scikit-learn

11-0　使用 scikit-learn 並匯入測試資料集..11-3

11-1　訓練並評估多元線性迴歸模型..11-8

11-2　評估模型的表現 (performance) 11-10

11-3　用真實世界的資料做迴歸分析：共享單車與天氣..............11-14

第 12 章　運用機器學習做分類 (classification) 預測及資料簡化

12-0　資料分類 (classification) 12-2

12-1　KNN (K 近鄰) 預測模型..12-4

12-2　邏輯斯 (Logistic) 迴歸模型..12-11

12-3　改善邏輯斯迴歸模型..12-16

12-4　主成分分析 (PCA)：減少需分析的變數................................12-20

附錄 A　安裝並使用 Jupyter Notebook 編輯器

A-0　下載並安裝 Anaconda..A-2

A-1　啟動 Jupyter Notebook A-5

A-2　使用編輯器記事本..A-6

有沒有 Python 超好用的八卦？

不管你想揭開宇宙的奧秘, 或是在 21 世紀發展職涯,
你都應該具備基本的程式設計能力。

—— 天文物理學家史蒂芬‧霍金 (Stephen Hawking)

簡單好懂的 Python 語言, 不管是任何科系的人都能夠快速上手, 因而成為
新世紀學習程式設計的首選。而 Python 豐富的第三方套件, 更讓使用者能輕
鬆實踐資料分析及 AI 機器學習預測等任務。

在學程式已和學英文一樣成為
必修的年代, 學 Python 能讓你練就實
用的跨領域工作技能, 創造出驚人的
『斜槓』競爭力。

為什麼是第 0 章?
和很多程式語言一樣, Python 語言有許多編號和
計數都是從 0 而不是從 1 開始。因此, 本書所有
章節同樣從 0 開始編號, 好讓各位更熟悉這種習
慣! 你能在本書第 3 章了解到更多細節。

本書使用 **Jupyter Notebook** 做為 Python 程式撰寫環境。假如你還沒安
裝過或不熟悉操作方式, 請先參閱**本書附錄 A**。

Jupyter Notebook 是全球資料分析人士很常使用
的程式編輯、執行環境, 能讓你像寫筆記本一樣輸
入程式和筆記標題、筆記內文, 並將程式的執行結
果一併保存, 所以才叫做『notebook』!

0-0 最簡單的 Python 程式

▌速成月曆

在 Jupyter Notebook 編輯中, 於標示 **In[]** 的**輸入框**(稱為 cell 或格子)內輸入以下程式碼, 然後按編輯器上方的 Run 來執行:

```
December 2020
Mo Tu We Th Fr Sa Su
       1  2  3  4  5  6
 7  8  9 10 11 12 13
14 15 16 17 18 19 20
21 22 23 24 25 26 27
28 29 30 31
```

當滑鼠游標停在一個 cell 時 (格子邊框會變成綠色), 你也可以直接按 Shift + Enter 來執行它。

只要兩行程式碼就能印出一份月曆, 是不是很厲害? 你也可以發現, Python 程式碼**根本不是什麼深奧的天書,** 而是和英文一樣簡單好讀!

Python 敘述

Python 的一行程式碼叫做一行**敘述 (statement)**。敘述是 Python 程式的**基本組成單元。**

而前面這兩行敘述, 其實各自做了幾件不同的事:

匯入 (import) 或載入名叫
calendar 的模組 (module)

```
1  import calendar
2  print(calendar.month(2020, 12))
```

利用 calendar 模組的 month() 功能取得該
月月曆, 然後用 print() 功能『印』出來

就像英文一樣, 一行 Python 敘述是能由很多東西構成的, 我們在接下來幾章會介紹各種 Python 基礎語法。你現在只需要知道:Python 敘述是**由上而下**逐次執行, 第一行敘述是在替第二行鋪路。假如沒有先匯入 calendar 模組, 執行第二行時就會發生錯誤了!

接著請在新的 cell 輸入這行程式並按 Shift + Enter 執行之：

```
In [2]:    1  print(calendar.calendar(2021))
```

```
                                  2021

        January                  February                  March
Mo Tu We Th Fr Sa Su     Mo Tu We Th Fr Sa Su     Mo Tu We Th Fr Sa Su
             1  2  3       1  2  3  4  5  6  7       1  2  3  4  5  6  7
 4  5  6  7  8  9 10       8  9 10 11 12 13 14       8  9 10 11 12 13 14
11 12 13 14 15 16 17      15 16 17 18 19 20 21      15 16 17 18 19 20 21
18 19 20 21 22 23 24      22 23 24 25 26 27 28      22 23 24 25 26 27 28
25 26 27 28 29 30 31                               29 30 31

         April                      May                     June
Mo Tu We Th Fr Sa Su     Mo Tu We Th Fr Sa Su     Mo Tu We Th Fr Sa Su
             1  2  3  4                  1  2          1  2  3  4  5  6
 5  6  7  8  9 10 11       3  4  5  6  7  8  9       7  8  9 10 11 12 13
12 13 14 15 16 17 18      10 11 12 13 14 15 16      14 15 16 17 18 19 20
19 20 21 22 23 24 25      17 18 19 20 21 22 23      21 22 23 24 25 26 27
26 27 28 29 30           24 25 26 27 28 29 30      28 29 30
                         31

          July                    August                 September
Mo Tu We Th Fr Sa Su     Mo Tu We Th Fr Sa Su     Mo Tu We Th Fr Sa Su
             1  2  3  4                        1             1  2  3  4  5
 5  6  7  8  9 10 11       2  3  4  5  6  7  8       6  7  8  9 10 11 12
12 13 14 15 16 17 18       9 10 11 12 13 14 15      13 14 15 16 17 18 19
19 20 21 22 23 24 25      16 17 18 19 20 21 22      20 21 22 23 24 25 26
26 27 28 29 30 31        23 24 25 26 27 28 29      27 28 29 30
                         30 31

        October                  November                 December
Mo Tu We Th Fr Sa Su     Mo Tu We Th Fr Sa Su     Mo Tu We Th Fr Sa Su
                1  2  3       1  2  3  4  5  6  7             1  2  3  4  5
 4  5  6  7  8  9 10       8  9 10 11 12 13 14       6  7  8  9 10 11 12
11 12 13 14 15 16 17      15 16 17 18 19 20 21      13 14 15 16 17 18 19
18 19 20 21 22 23 24      22 23 24 25 26 27 28      20 21 22 23 24 25 26
25 26 27 28 29 30 31      29 30                    27 28 29 30 31
```

這麼簡單就能輸出完整的 2021 年年曆了！

為什麼這次不用寫 import calendar ?

在 Jupyter Notebook 中, 執行過的程式的結果 (包括匯入的 calendar 模組) 都會保留在程式環境中會誤解! 但如果你關掉目前的 Notebook 頁面再重開, 就必須再執行一次 import... 才能執行上面這行囉!

自我練習

你是星期幾出生?

前面查月曆的程式碼, 應該不難看出程式碼中括號內的數字代表什麼意思:

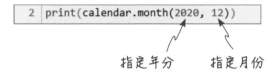

```
2  print(calendar.month(2020, 12))
```

指定年分　　　指定月份

現在請把年份和月份**改成**你的出生年月, 然後看看你出生那天是星期幾。

程式碼是活的, 修改它就會改變執行效果。所以不用害怕, 請把持實驗精神, 輸入不同的年份和月份玩玩看吧!

自我練習

要是生日剛好落在周末, 揪朋友慶生就方便太多了。查查看你接下來哪幾年的生日會剛好在星期六或星期日。

What time is it?

It's Python Time! 同樣的, 只需寫兩行敘述, Python 就會化身最準確的日期時間報馬仔:

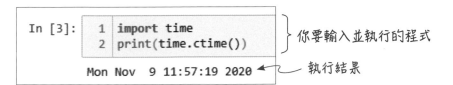

In [3]:
```
1  import time
2  print(time.ctime())
```
你要輸入並執行的程式

Mon Nov 9 11:57:19 2020 執行結果

自我練習 接著請試試看, 在新 cell 輸入並執行以下程式, 看看會發生什麼事?

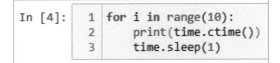

In [4]:
```
1  for i in range(10):
2      print(time.ctime())
3      time.sleep(1)
```

如果對 Jupyter Notebook 的操作仍不熟的話, 請多多參閱本書附錄 A 哦!

0-1 資料視覺化

Python 不只是查月曆和報時的高手, 連畫圖也難不倒它。在一個新的 cell 內輸入以下程式並執行:

In [5]:
```python
import matplotlib.pyplot as plt
x = [1, 2, 3]
y = [10, 3, 7]
plt.bar(x, y)
plt.show()
```

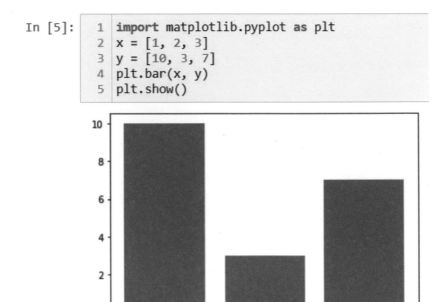

是不是馬上就看到長條圖出現了呢?

如果不喜歡長條圖, 畫圓餅圖也可以哦!立馬來試看看:

```
In [6]:    1  plt.pie(y, labels=x)
           2  plt.show()
```

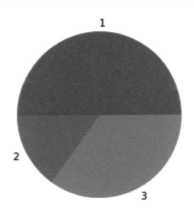

　　只要幾行程式碼, 就能畫出美觀又清晰的圖表, Python 是不是真的威力強大呢？

　　如果你在納悶這些程式碼究竟代表什麼意思, 別擔心──這本書後面都會慢慢解釋。等你讀完這本書, 再回過頭看這裡的程式, 就會發現你都看得懂了呢！

自我練習	修改前面程式碼中的 x = [...] 和 y = [...] 內的數字, 然後重新執行程式,看看產生出來的圖表有何變化？

0-2 從網路抓資料

▌哪裡還有口罩？藥局資訊一把抓

　　Python 神通廣大, 甚至能直接從網路查詢即時資料。比如, 下面這兩行程式可以列出一份報表, 記載了台灣各地藥局的口罩存貨量, 大大替你省下繞來繞去跑藥局找口罩的時間：

> 讀取和處理網路報表需要一點時間, 如果看到 In[] 內仍顯示 * 號, 就表示這個 cell 還沒執行完畢哦！執行完成後, * 號就會換成一個數字, 代表它是在此筆記本執行完成的第 N 個格子

In [7]:
```python
1  import pandas as pd
2  pd.read_csv('https://data.nhi.gov.tw/resource/mask/maskdata.csv')
```

	醫事機構代碼	醫事機構名稱	醫事機構地址	醫事機構電話	成人口罩剩餘數	兒童口罩剩餘數	來源資料時間
0	0145080011	衛生福利部花蓮醫院鹽寮原住民分院	花蓮縣豐濱鄉鹽寮村光豐路４１號	8358141	3870	724	2020/11/09 15:50:35
1	0291010010	連江縣立醫院	連江縣南竿鄉復興村２１７號	623995	1791	300	2020/11/09 15:50:35
2	2101010013	松山健康服務中心	臺北市松山區八德路４段６９２號６樓	(02)27671757	533	818	2020/11/09 15:50:35
3	2101020019	大安健康服務中心	臺北市大安區辛亥路３段１５號	(02)27335831	469	596	2020/11/09 15:50:35
4	2101090011	大同健康服務中心	臺北市大同區昌吉街５２號	(02)25853227	3948	619	2020/11/09 15:50:35
...	...	...	...	...	...	...	...
5596	5990010631	大森藥局	金門縣金城鎮民生路２８、３０號１、２樓	(82)325100	1134	1440	2020/11/09 15:50:35
5597	5990010668	百泰藥局	金門縣金城鎮西海路１段１號	(082)312832	968	950	2020/11/09 15:50:35
5598	5990020020	大金藥局	金門縣金沙鎮汶沙里五福街１號	(082)355382	1132	880	2020/11/09 15:50:35
5599	5990030044	仁愛復興藥局	金門縣金湖鎮新市里復興路４０號	(082)332368	962	347	2020/11/09 15:50:35
5600	5990030062	大山藥局	金門縣金湖鎮新市里中正路２號、２-２號	(082)333290	6440	669	2020/11/09 15:50:35

5601 rows × 7 columns

> 由於藥局數量很多, 因此直接顯示在編輯器內時, Python 會自動略過中間的大部分

大學生了沒？大專院校人數排行榜

除了單純顯示報表, Python 更能對報表做些特殊處理。例如, 以下程式能列出全台學生最多的前 10 名大專院校:

```
1  import pandas as pd
2  df = pd.read_csv('http://stats.moe.gov.tw/files/detail/108/108_student.csv')
3  df.sort_values(by=['總計'], ascending=False).head(10)
```

	學校代碼	學校名稱	日間進修別	等級別	總計	男生計	女生計	一年級男生	一年級女生	二年級男生	...	五年級男生	五年級女生	六年級男生	六年級女生	七年級男生	七年級女生	延修生男生	延修生女生	縣市名稱	體系別
273	1006	中國文化大學	D 日	B 學士	20411	9930	10481	2368	2426	2178	...	33	27	0	0	0	0	1037	872	30 臺北市	1 一般
267	1005	淡江大學	D 日	B 學士	20273	10310	9963	2471	2333	2462	...	31	28	0	0	0	0	746	371	01 新北市	1 一般
251	1002	輔仁大學	D 日	B 學士	17528	7402	10126	1669	2382	1733	...	33	18	27	19	3	1	461	379	01 新北市	1 一般
229	53	國立高雄科技大學	D 日	B 四技	17287	10636	6651	2574	1664	2628	...	0	0	0	0	0	0	451	159	50 高雄市	2 技職
324	1016	銘傳大學	D 日	B 學士	17200	6759	10441	1620	2562	1605	...	31	22	0	0	0	0	501	408	30 臺北市	1 一般
279	1007	逢甲大學	D 日	B 學士	16756	10042	6714	2293	1722	2423	...	62	58	0	0	0	0	412	116	19 臺中市	1 一般
11	3	國立臺灣大學	D 日	B 學士	16614	9431	7183	2105	1592	2165	...	167	111	145	71	1	4	728	552	30 臺北市	1 一般
263	1004	中原大學	D 日	B 學士	13421	7183	6238	1615	1521	1666	...	72	89	0	0	0	0	552	298	03 桃園市	1 一般
246	1001	東海大學	D 日	B 學士	12993	5742	7251	1308	1851	1394	...	19	15	0	0	0	0	301	218	19 臺中市	1 一般
358	1023	南臺科技大學	D 日	B 四技	12720	7186	5534	1767	1327	1712	...	0	0	0	0	0	0	363	181	11 臺南市	2 技職

10 rows × 25 columns

Tip | 本章所附範例檔會提供其他學年度的連結。

自我練習 | 如果你把上面程式碼中的『總計』改成『男生計』或『女生計』, 就會變成列出男生或女生最多的前 10 名學校了!拿來當聯誼參考很實用吧!☺

神祕小狗的午後療癒術：下載並顯示網路照片

若你已經不再是快樂的大學生、而是每天到了下午三點半就覺得人生好苦悶、好想出去買杯手搖飲的上班族, Python 也能適時替你送上滿滿的元氣。下面的程式能在瀏覽器打開一張隨機的汪星人照片：

```
1  import requests, webbrowser
2
3  pic = requests.get('https://random.dog/woof.json').json()['url']
4  webbrowser.open(pic)
```

本圖為示意圖；實際每次執行結果都會不同

自我
練習
哪尼, 你説你不喜歡狗？好吧, 換成喵星人總可以吧？(如果你還沒執行前面的 import... 這行, 記得要加上它。)

```
1  pic = requests.get('https://aws.random.cat/meow').json()['file']
2  webbrowser.open(pic)
```

0-3 資料分析大神 Python

　　當然, Python 不只能做好玩的事, 它更能讓你做到非常實用的資料分析作業, 替你的報告產生美輪美奐的圖表, 使你的老師、主管們看了直豎大拇指, 同學、同事看了萬分羨慕, 小狗、小貓看了樂得直搖尾巴！

　　來試試看執行以下程式：

```
1  import seaborn as sns
2  sns.pairplot(data=sns.load_dataset('iris'))
```

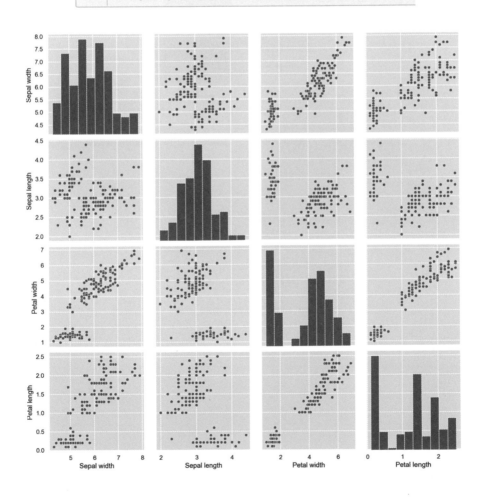

哇塞！真是太驚人了。不過這張圖究竟代表什麼東西呢？圖表中的資料又是什麼？你將在本書後半找到答案。

先別急著走,在新的 cell 裡輸入並執行以下程式：

```
1  sns.boxplot(data=sns.load_dataset('iris'))
```

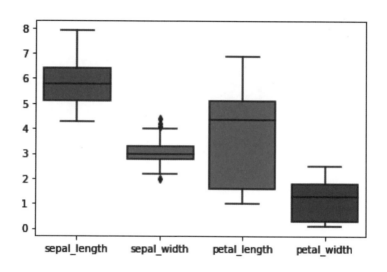

**自我
練習**

請試試看,如果輸入以下程式,你會得到什麼樣的圖？

```
1  import pandas as pd
2  import seaborn as sns
3
4  df = pd.DataFrame(sns.load_dataset('iris'))
5  sns.heatmap(df.corr(), annot=True)
```

0-4 繼續往下翻之前的兩三事

以上, 我們用些相當簡短的程式碼帶各位快速體驗了 Python 的強大威力。這些程式很有趣, 卻只是 Python 眾多功能的冰山一角而已。

本書的宗旨, 是讓想要學習 Python 及跨入資料分析／資料科學、但完全沒有接觸過程式語言的讀者, 也能輕鬆入門 Python 語言。因此, 這本書採取比較輕鬆的方式介紹 Python, 但目的不是要當成 Python 大百科；本書不會介紹該語言及其資料科學套件的完整功能, 許多進階語法會省略不提。等到各位藉由這本書熟悉 Python 後, 想繼續深造就會變得容易許多。

儘管如此, 這本書仍會花點時間強調一些**關鍵 Python 觀念**。有許多入門書未能將這些講清楚, 因此往往造成初學者的混淆和困惑。我們希望藉由這本書, 讓各位從一開始就能吸收到最正確的 Python 知識。

正如學習日文或英文, **學程式最有效的方式, 便是實際動手練習**。本書的所有範例, 請務必自己輸入和執行一遍, 甚至試驗不同的程式碼變化跟組合。如此一來, 讀者們才能更快熟悉 Python 語言的運作方式, 以及寫程式的過程可能遇到哪些狀況、要如何解決等等。

我們也建議讀者們, 隨時將自己在 Jupyter Notebook 輸入的程式儲存起來, 甚至在旁邊寫些筆記 (參閱附錄 A)。即使是資深程式設計師, 也不見得能背下所有語法, 可是若你替自己留下了程式碼「筆記」, 就能拿來複習程式技巧囉！

0-5 準備好了嗎？執行這個程式

Run 下面這行程式, 然後
就往第 1 章出發吧！

```
In [13]:    1  import antigravity
```

下載本書範例程式與 bonus

你可以到以下網址下載本書的範例程式與 bonus (按照畫面上的指示操作即可)：

www.flag.com.tw/bk/t/f0753

運算式、變數與資料型別

Python 程式是由一行行**敘述 (statement)** 構成的, 其中一種很重要的敘述叫做 **運算式 (expression)**。

1-0 運算式：可算出值的式子

在第 0 章我們已經玩過 Python 直譯器, 只要對它輸入一些指令或算式就會得到結果：

IN	OUT
8 + 9	17

8 + 9 這段程式碼稱為**運算式 (expression)**, Python 直譯器會計算運算式, 並將運算結果 (17) 回傳給你。

你可進一步試驗其他運算式：

IN	OUT
8 + 9 + 17	34

IN	OUT
7 - 11	-4

▌算術算符：加減乘除 ＋、－、＊、/、//

在前面的運算式中, 加號 (+) 和減號 (-) 便是所謂的**算術算符 (arithmetic operators)** 或算術運算子, 作用和我們在數學學到的一樣。

Python 自然也有乘法和除法算符, 例如 ＊ 是乘號：

IN	OUT
6 * 7	42

至於除法則有兩種。現在來試試看, 10 / 3 和 10 // 3 各會產生什麼結果？

IN	OUT
10 / 3	3.3333333333333335

IN	OUT
10 // 3	3

單斜線 (/) 是一般的除法, Python 會盡可能除到最小的小數位數；而雙斜線 (//) 是 **整數除法 (floor division)**, 會算出整數商。注意！它不是四捨五入，而是直接去掉小數。

▌餘數算符 %

而 % 算符可以算出整數除法的餘數：

IN	OUT
10 % 3	1

▌次方算符 ＊＊

比較特別的是, 雙星號 (**) 是指數或次方算符：

IN	OUT
2 ** 3 ◀──┐ 2 的 3 次方 (相當於 2 * 2 * 2)	8

IN	OUT
`10 ** 4`	`10000`

數值與算符要用空白隔開嗎？

數值與算符之間不一定得加入空格。
你也可以這樣寫：

IN
`6+377`

但加入空格能讓運算式顯得更乾淨, 增進程式碼的閱讀性。因此可以的話還是養成這個好習慣吧！

▌算符的優先順序：先乘除後加減

和數學一樣, Python 算符是有優先順序的。想想看, 下面的運算式會得出何值？

IN	OUT
`6 / 2 + 1 * 2`	`5.0`

改成如下又會是如何？

IN	OUT
`6 / (2 + 1) * 2`	`4.0`

可以看到 + 號的優先性本來是比乘法低的, 但放進小括號後就優先被運算了。

此外, 使用 () 也有另外一個好處：使複雜的運算式看起來更容易理解。

Python 算符的優先順序——由高至低

算符	
( )	高
**	
*, /, //, %	
+, -	低

1-1 Python 的基礎資料型別 type

▍整數、浮點數與字串

前面我們只討論了數字運算, 但實際上我們會處理各種類型的資料。舉個例, 當你印出以下兩行運算式, 結果有什麼不同？

IN

```
print(10 / 2)
print(10 // 2)
```

OUT

```
5.0
5
```

你會注意到, 其中一個數字有小數點, 另一個沒有。有小數點的數字是**浮點數 (floating-point number)**, 沒有小數點的叫做**整數 (integer number)**。

那麼, 如果對 Python 直譯器輸入一串文字呢？

IN

```
是在哈囉?
```

OUT

```
-------------------------------------------------------------
NameError                          Traceback (most recent call last)
<ipython-input-1-a434080f0953> in <module>
----> 1 是在哈囉?

NameError: name '是在哈囉?' is not defined
```

名稱未定義

Python 透過錯誤訊息告訴你, 它不認得這行字的意思。

原來, 在 Python 中**字串 (string, 即一段文字)**, 必須用引號將它括起來：

IN

```
"是在哈囉?"
```

OUT

```
'是在哈囉?'
```

用單引號 (') 或雙引號 (") 括住字串的效果一模一樣, 但前後符號得一致。Python 傳回字串時會用單引號。我們建議和 Python 一樣用單引號表示字串, 為什麼呢？因為雙引號需要按 shift 鍵, 單引號不用, 方便多了。

上述提到的整數、浮點數和字串便是 Python 的基礎資料**型別 (type)**, 在 Python 中分別叫做 **int**、**float** 和 **str**。(其實還有布林值 (bool) 和 None 型別, 我們會在後文介紹。)

▌跨型別的運算

若你試圖對不同型別的資料做運算, 會發生什麼事？

IN
```
'1' + 1
```

OUT
```
-----------------------------------------------------------------
TypeError                         Traceback (most recent call last)
<ipython-input-12-cc892b1f57d5> in <module>
----> 1 '1' + 1

TypeError: can only concatenate str (not "int") to str
```

只能把字串相連 (concatenate) 到字串, 不能連結到整數

接著, 我們來試試看字串『加』字串:

IN
```
'1' + '1'
```

OUT
```
'11'
```

可以看到, 字串加字串後會連在一起, 變成一個新字串。意即, 加號對整數跟字串的作用是不一樣的:若把這兩種資料混著運算, Python 就不知道怎麼處理了, 因此會告訴你 TypeError...!。

字串還有一個可用的算符是 * 乘號, 它會把字串重複指定的次數。試試看下面這個例子就曉得了:

IN
```
'?' * 10000
```

OUT
```
? ? ? ? ? ? ? ? ? ? ? ? ? ? ? ? ? ? ? ? ?
? ? ? ? ? ? ? ? ? ? ? ? ? ? ? ? ? ? ? ?
? ? ? ? ? ? ? ? ? ? ? ? ? ? ? ? ? ? ? ?
? ? ...(略)
```

? 會重複 10000 次

整數和浮點數的是可以一起運算的：

IN

```
print(2 * 3.0)
print(3 / 2)
print(3.0 // 2)
print(3 // 2)
```

OUT

```
6.0
1.5   ← 一般除法 ( / ) 結果一定是浮點數
1.0   ← 整數除法 ( // ) 若算式中有浮點數, 結果也是浮點數
1     ← 都是整數 // 結果才會是整數
```

所以, Python 跨型別的運算要看情況, 有的可以有的不行, 運算的結果也各有不同, 所以要小心了解其運作細節。

| Tip | 其實, Python 允許我們將一個型別的資料轉換成另一個, 這樣一來就可以跨型別運算了。這部份我們會留到第 5 章再介紹。 |

1-2 變數：給資料一個名字

前面我們已經看到, 你能很方便地透過 Python 直譯器做計算, 只是感覺跟直接按計算機差不多。當你想連續做同樣的計算時, 就會有點麻煩。

例如, 你想用程式計算每個月的帳戶收支狀況, 也許會這樣寫：

IN
```
100000 + 35000 - 21000  ← 帳戶餘額 10 萬, 加收入 3 萬 5, 減支出 2 萬 1
```

OUT
```
114000  ← 計算後的帳戶餘額
```

等到下個月也得重打一次算式, 將餘額加上收入再減去支出 ... 若收支項目非常多, 這樣就效率很差, 而且你可能會忘記哪些數字代表什麼, 結果算錯自己戶裡頭有多少 $$。

在這種情況下, 我們可以使用**變數 (variable)** 來強化程式。變數是 Python 語言最基本、但也最強大的功能之一, 你即將見識到它能如何讓你的人生變得更好過。

前面例子中的帳戶餘額、收入、支出, 我們都可以用變數來命名：

IN
```
balance = 100000    ← 帳戶餘額
income = 35000      ← 收入
expense = 21000     ← 支出

print(balance + income - expense)
```

```
114000
```

如此一來, 比如你加薪了, 只要把收入改成 income = 38000, 其它運算式可以留著不動, 這使得程式的維護更為容易。甚至, 就連運算式本身也變得更好懂, 你不怕將來會忘記算式中各個數值代表的意義。

Self-documenting code (能自我說明的程式碼)

程式的說明及註解很重要, 但常常令人覺得麻煩。如果變數命名得宜, 程式碼本身就能說明程式的用意, 例如:

IN
```
balance = balance + income - expense
```

這樣程式碼的意思一目了然, 我們就不用再另外加註解了!

▌建立變數:指派算符 =

在 Python 中建立變數很簡單, 就是寫下一個變數名稱, 然後用 = 號**指派 (assign)** 一個值給它:

IN
```
x = 42    ← 指派一個整數給變數 x
y = 'Life, the Universe and Everything'    ← 指派一個字串給 y
```

執行以上程式後, 可以用 print() 函式來檢查看看變數是否存在:

IN

```
print(x)
print(y)
```

OUT

```
42
Life, the Universe and Everything
```

此處的 = 號不是數學上的等於, 而是**指派算符
(assignment operator)**, 它會把等號右邊的資料『指派
給』左邊的變數。這個指派的動作亦稱為『賦值』。

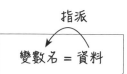

你甚至可把運算式的運算結果指派給變數:

IN

```
z = 78 + 9
print(z)
```

OUT

```
87
```

但若變數名稱尚未賦值 (尚未定義) 就使用之, 則會產生錯誤:

IN

```
v
```

OUT

```
-------------------------------------------------------------
NameError                        Traceback (most recent call last)
<ipython-input-5-d0aa4386ac53> in <module>
----> 1 v

NameError: name 'v' is not defined  ←── 名稱『v』未定義
```

Python 變數名是便利貼

在許多程式語言中, 變數實際上就是個箱子, 你可以把資料放在它裡面:

其他語言的變數

但是 Python 的變數其實是個**便利貼**或名牌。當你使用 = 指派資料給變數時, 實際上是在把變數這個名稱『貼到』該資料上:

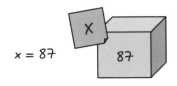

x = 87

當你指派新的資料給變數, 便等於撕下這張便利貼, 重新貼到新的資料上:

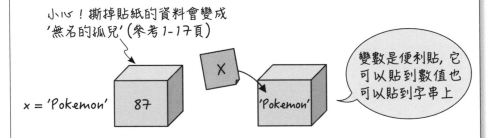

小心! 撕掉貼紙的資料會變成 '無名的孤兒' (參考 1-17 頁)

變數是便利貼, 它可以貼到數值也可以貼到字串上

x = 'Pokemon'

如果將此變數指派給另一個變數, 那麼兩個變數都會貼到同一個資料上面:

y = x

在 Python 中, 所有東西都是**物件 (object)**。任何整數、浮點數或字串都是獨立的物件, 而這便是為何我們能把變數『貼』到它們身上的原因。

就本章而言, 這個特質不會影響你使用變數的方式, 但正是這種特質賦予了 Python 變數強大的彈性。等你將來學到更進階的 Python 程式設計、處理到較複雜的資料時, 若還不了解這點, 就可能會遇到一些令人百思不得其解的怪現象。

就地更改變數的值

現在回到前面的每月收支計算問題。假如你又過一個月, 公司匯入一筆薪水, 而你也花費了一些支出, 那麼計算帳戶餘額的程式該怎麼寫？

IN

```
balance = 100000  ← 原本的戶頭餘額
income = 35000
expense = 21000

balance = balance + income - expense
print(balance)
```

OUT

```
114000
```

想一下, 現在發生了什麼事？為什麼 balance 可以『等於』alance + income - expense？等號 (=) 號兩邊的 balance 可以相互抵消嗎？

其實不行。記得前面提過：指派符號 = 不是數學上的等於。此處, Python 會先計算 balance + income - expense 的值 (114000), 然後將 114000 重新指派給左邊的變數 balance。這麼一來, balance 的值就更新了。

1-3 變數的型別

前一節我們提過資料有型別之分, 那麼變數應該也有型別吧？但光從變數名稱是看不出其型別的。

這時我們可用 **type()** 函式來檢查變數型別：

IN

```
x = 9527
y = 2.71828182846
z = '五樓最專業'

print(type(x))
print(type(y))
print(type(z))
```

OUT

```
<class 'int'>
<class 'float'>
<class 'str'>
```

由上可見**變數的值是什麼型別, 變數就是什麼型別**。若指派不同型別的值給變數, 其型別就會隨之改變, 這得歸功於 Python 變數身為『便利貼』的彈性：

IN

```
x = '那個男人也許會遲到，但永不缺席'
print(type(x))
```

OUT

```
<class 'str'>  ← x 之前是 int 型別, 現在變成 str 了
```

1-4 變數的命名

Python 變數的命名非常自由。以下這些寫法都是可行的：

IN

```
_Star_Wars_Episode_9_ = 'trash'
蒙地蟒蛇 = 'Monty Python'
君の名は = '両津勘吉'
```

變數名稱可由任意英數、底線組成, 甚至可用世界各國語言文字。

Tip	當然, 你將來可能得分享程式給世界各國的人, 所以變數的名稱習慣上仍會以英數名稱為主。此外, 變數名稱最好能反映變數本身的用途。

要注意的是, 變數不能以數字開頭：

IN

```
0204_phone = '忙線中'
```

OUT

```
  File "<ipython-input-8-ebb009c4dede>", line 1
    0204_phone = '忙線中'
       ^
SyntaxError: invalid token
```

錯誤變數名稱

也不能使用特殊符號或字元：

IN

 = 1314520

OUT

```
File "<ipython-input-9-e4defb580471>", line 1
  ♡ = 1314520
  ^
SyntaxError: invalid character in identifier
```

錯誤字元

此外, 你不得使用 **Python 語言關鍵字** (**keyword**, 就是已經固定功能的詞) 作為變數名稱：

IN

```
None = '此地無銀三百兩'
```

OUT

```
File "<ipython-input-13-aef53ee5675f>", line 1
  None = '此地無銀三百兩'
  ^
SyntaxError: can't assign to None
```

None 是關鍵字, 不能用來當變數

如果你真的很想用關鍵字來命令變數, 可在關鍵字前或後加一個底線：

IN

```
None_ = '此地無銀三百兩'
```

加了底線就 ok 了

下表是 Python 的所有關鍵字 (注意大小寫有分) :

Python 關鍵字

False	await	else	import	pass
None	break	except	in	raise
True	class	finally	is	return
and	continue	for	lambda	try
as	def	from	nonlocal	while
assert	del	global	not	with
async	elif	if	or	yield

　　此外, 你也應該避免拿 Python 的內建函式名稱作為變數名稱。這麼做會
令這些函式『遺失』(把它們的名稱便利貼撕起來改貼在你的資料上, 而原本
的函式程式碼就變成無函式名的孤兒了!), 導致你稍後想使用這些函式時就
會出代誌:

IN

```
print = '哈哈 print 被我吃掉了, 打我啊~~~'

print('測試')
```

OUT

```
---------------------------------------------------------------
TypeError                          Traceback (most recent call last)
<ipython-input-24-de5cd3c91f96> in <module>
      1 print = '哈哈 print 被我吃掉了, 打我啊~~~'
      2
----> 3 print('測試')

TypeError: 'str' object is not callable
```

print 名稱變成字串變數, 當成函式呼叫就產生錯誤了

下表為 Python 的所有內建函式名稱:

abs	delattr	hash	memoryview	set	all
dict	help	min	setattr	any	dir
hex	next	slice	ascii	divmod	id
object	sorted	bin	enumerate	input	oct
staticmethod	bool	eval	int	open	str
breakpoint	exec	isinstance	ord	sum	bytearray
filter	issubclass	pow	super	bytes	float
iter	print	tuple	callable	format	len
property	type	chr	frozenset	list	range
vars	classmethod	getattr	locals	repr	zip
compile	globals	map	reversed	__import__	complex
hasattr	max	round			

　　無論如何, 只要記得若你輸入的變數名稱在編輯器內產生字體或顏色變化, 就可能代表這是個關鍵字或內建函式。請避免使用這些名稱, 或者你也可以像前面說的那樣, 多加個底線來避開衝突。

　　恭喜你!你順利通過了本書第一章, 學到 Python 處理資料的幾個重要基礎。接下來, 我們便要學習如何讓程式變得更聰明!

重點整理

0. **敘述 (statement)** 是 Python 程式語言的基本獨立單元 (standalone element), 包含註解、指派和運算式、… 都是 Python 敘述。

1. 在 Python 中, 8 + 9 這樣的句子叫做**運算式 (expression)**, 執行後可算出一個結果。+, -, *, /, // 這類符號則是**算術算符 (arithmetic operators)**。

2. 單斜線 (/) 是一般除法, 會得出**浮點數 (float)**；雙斜線 (//) 則為整數除法, 會直接去小數而得出**整數 (int)**。

3. 小括號 ( ) 能提高括號內的算符優先度。

4. 由於型別不同, 整數和浮點數不能直接跟字串做運算。

5. **變數 (variables)** 是用來代表資料並用於運算的『標籤』, 其名稱可自由指定。你可使用 = 號 **(即指派算符 assignment operator)** 來指派一個值給變數。

6. 變數的型別取決於其值的型別。

7. 變數的命名很自由, 但最好能清楚反映其用途。變數名稱不能使用 Python 的關鍵字, 也應該避免使用函式名稱做為變數名。

MEMO

Chapter

02

邏輯判斷

前一章我們學到 Python 程式的基礎運算, 但這些平舖直述的運算太單純了, 它們並沒有智慧思考能力！智慧的源頭是『判斷』, 因此本章就來介紹 Python 的邏輯判斷敘述, 賦予程式『明辨是非』的能力！

2-0 用 if-else 做判斷

以 if 做判斷

我們看來看看最簡單的 if 語法：

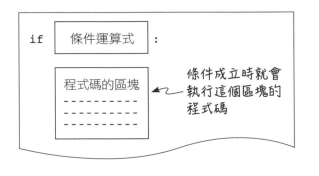

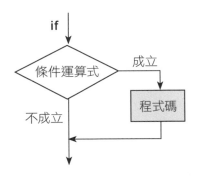

冒號與縮排很重要！

if 敘述 (if statement) 是個**程式碼區塊 (block)** 結構, 意思是它會由不只一行程式碼構成。留意第一行結尾有個**冒號 (:)**, 這是要讓 Python 直譯器曉得接下來的程式碼都屬於 if 區塊。

當然, 即使老手也有時會忘記打冒號。總之若程式遇到錯誤, 可以檢查一下是不是漏了。

if 區塊的程式碼都得往右**縮排**, 用幾個空格都可以, 但習慣上是 4 個空格 (在 Jupyter Notebook 也可按一次 [Tab], 但不建議 [Tab] 和空格混搭, 可能會難以分辨, 造成除錯困難)。同一區塊內的程式碼縮排必須一致, 不然會產生錯誤。

下面的程式是自動線上繳費程式, 它會檢查你的帳戶餘額是否大於 0 元, 是的話才扣去繳費金額:

IN

```
balance = 1000

if balance > 0:
    balance = balance - 300
    print('扣款成功')

print('帳戶餘額:', balance)
```

注意! if 和它的程式碼區塊必須放在同一個 Jupyter Notebook 儲存格 (cell) 內, 否則執行時會產生錯誤!

用 print() 一次印出多個項目,
項目之間要用逗號分開

OUT

```
扣款成功
帳戶餘額: 700
```

Tip | print() 可以一次印出多個值或變數, 只要用逗號隔開這些資料即可。

若將 balance 的值改為 -100 並重新執行程式, 會出現如下訊息:

OUT

```
帳戶餘額: -100
```

很顯然, 如果條件不成立, 那麼 if 敘述的程式區塊 (內縮的程式碼) 不會被執行。

用 if-else 做判斷

If 的條件式成立時, 我們就可以做區塊內的事, 不成立時就當作沒這回事, 繼續往下執行程式。但是如果你希望在 **if** 條件式不成立時也要做些事, 要怎麼辦呢？這時就要用 if 的搭檔 **else** 了：

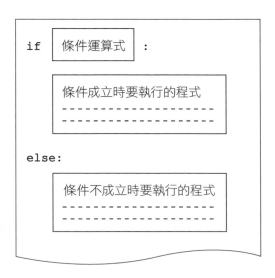

IN
```
temp = 31

if temp > 27:
    print('太熱啦!!! 開冷氣!!!')
else:
    print('沒那麼熱, 省省吧~')
```

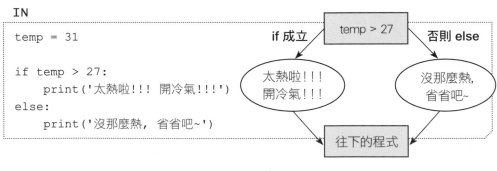

OUT

太熱啦!!! 開冷氣!!!

當變數 **temp**（氣溫 temperature）的值大於 27（度）時, 程式會要你開冷氣（印出『太熱啦!!! 開冷氣!!!』）。但若你將 **temp** 改到小於或等於 27（度）再重新執行程式, 程式就會印出『沒那麼熱, 省省吧~』。

以下例子, 可檢查使用者是否試圖除以零：

IN

```
value1 = 42
value2 = 0

if value2 == 0:
    print('警告! 無法除以 0!')
else:
    print(value1 / value2)   ← 如果 value2 不是 0, 就相除
```

OUT

```
警告! 無法除以 0!
```

我們可以看到, 不管是 **if** 或 **if...else**, 它們的條件運算式是決定程式走向的關鍵, 但很多 **bug** 也常常藏在這個地方！因此接下來, 我們就要專門來解說 Python 的條件運算式是什麼。

2-1 條件運算式

▍比較算符

在前面範例中,『balance > 0』或『temp > 27』就是所謂的**條件運算式 (condition expression)**。條件運算式會使用**比較算符 (comparison operators)** 進行運算, 比如 >, >=, !=, == 。

下面我們來試試看一些條件運算式,看它們會傳回什麼結果:

IN
```
temp = 32  ← 首先設定變數的值
```

IN
```
temp > 27
```
OUT
```
True
```

IN
```
temp > 35
```
OUT
```
False
```

▍布林型別：bool

從上面操作可以看到條件運算式輸出的結果不是 **True (真)** 就是 **False (假)**, 這兩個結果稱為**布林值 (Boolean value)**, 在 Python 中的型別叫做 **bool**：

IN
```
type(True)
```
OUT
```
bool
```

Python 語言中的比較算符有以下這些：

比較算符

算符	意義
>	大於 (>)
>=	大於等於 (≧)
<	小於 (<)
<=	小於等於 (≦)
==	等於 (=)
!=	不等於 (≠)

有趣的是, 在 Python 與許多程式語言中, 判斷等於或相等是用**雙等號 (==)** 而不是單等號 (=)。如我們在第一章所提, 單等號是指派算符, 而雙等號則是比較算符, 兩者的作用截然不同, 因此別搞錯了：

IN

```
iPhone_ver = 12
```

OUT

←─── 單純將值 12 指派給變數 iPhone_ver, 因此編輯器不會印出任何結果

IN

```
iPhone_ver == 12
```

OUT

True ←─── 比較變數 iPhone_ver 是否與 整數 12 相等, 傳回布林值

下面我們再來看條件運算式的幾個例子：

IN

```
x = 5
y = 10
z = 15

print(x > 3)
print(y <= 10)
print(z != 12)
```

OUT

```
True
True
True
```

你甚至能在同一運算式中使用不只一個比較算符，而且還不必照同一個方向。下面延續上例的操作：

IN

```
print(3 < x < 7)
print(3 < x > 2)
print(x <= z >= y)
```

OUT

```
True
True
True
```

字串的比較

你知道嗎, 字串也可以使用比較算符:

IN

```
print('Finn' < 'Jake')
print('Marceline' >= 'Bubblegum')
print('BMO' != 'Ice King')
```

OUT

```
True
True
True
```

以英數字串來説, 其『大小』由字母順序決定, 排越後面的越大。不過若是非英數字串就比較麻煩了, 因為它們在電腦系統中會有自己的順序, 跟筆畫或字母順序可能無關。

▌布林算符

如果你要同時判斷多個條件, 你可以用 **and** 或 **or** 來連接各個條件運算式:

IN

```
print(x > 3 and y > 5)
print(y > x or y > z)
```

OUT

```
True
True
```

not 則能用來反轉條件運算式的結果 (真變假, 假變真)：

IN
```
print(not z == 15)
```

OUT
```
False
```

你更能用 not 來反轉布林變數的值：

IN
```
to_be = True
to_be = not to_be
print(to_be)
```

OUT
```
False
```

　　and, or 和 **not** 稱為**布林算符 (Boolean operator)**。它們的運作規則如下：

布林算符

布林算符	意義	判斷方式
and	且	**and** 的左右條件皆成立時才為 True
or	或	**or** 的左右條件至少有一成立時便為 True
not	非	反轉布林值

　　和比較算符一樣, 你能使用多個布林算符將幾個條件運算式串起來：

IN
```
x = 5
y = 10
z = 15

print(x > 3 and y > 7 and z > 12)
print((x % 2 == 0) or (y % 2 == 0) or (z % 2 == 0))   ← 檢查 x, y 或 z 其中是不是有偶數
print(x > 7 or not y > 12 and z > 10)
```

```
True
True
True
```

算符的優先順序

布林算符的優先度, 比起其他算符 (比較算符, 算術算符等) 都低, 所以你通常不需要加小括號來提高各運算式的優先度。不過加了也無妨, 這麼做其實還能大大增進閱讀性 (像上例的 **or** 運算式就加了小括號)。

除此之外, 布林變數一樣是依照由左至右的順序處理。

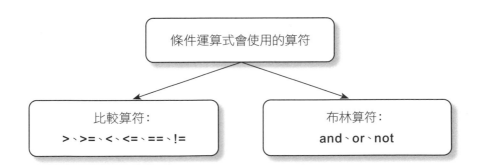

2-2 多重的 if 與 elif

▍兩個 if 串接, 做兩次判斷

延續本章開頭帳戶扣款的範例, 為了讓程式在扣款失敗時也能做出反應, 我們或許能像下面這樣加入另一個 if 敘述:

IN

```
balance = -100

if balance > 0:
    balance = balance - 300
    print('扣款成功')

if balance <= 0:
    print('餘額不足, 扣款失敗')

print('帳戶餘額:', balance)
```

兩個 if 串在一起, 但
這是不好的程式風格

OUT

```
餘額不足, 扣款失敗
帳戶餘額: -100
```

▍以 else 處理條件未成立時的狀況

以前面的例子來說, 我們其實可以用 else (否則) 敘述來取代第二個 if:

IN

```
balance = -100

if balance > 0:
    balance = balance - 300
    print('扣款成功')
```

```
else:  ◄─────────────── 注意 else 也要接冒號, 用 else 比 if
    print('餘額不足, 扣款失敗')      balance <=0 更簡潔, 更不易出錯!

print('帳戶餘額:', balance)
```

OUT

```
餘額不足, 扣款失敗
帳戶餘額: -100
```

else 的作用就是攔截 **if** 條件式以外所有可能的結果, 語法比兩次 **if** 更簡潔。

> 想一想: 雖然前兩個例子功能看似一樣, 但兩個 if 串接和 if-else 的邏輯是不一樣的! 它們差在哪裡呢?

▌以 elif 增加判斷條件

當然, 有時你得判斷的條件不只一個, 比如你可能繳交多項的費用, 這時你便可在 **if** 後面加入多個 **elif** (即 **else if**, **否則如果**的縮寫) 來做多重判斷:

IN

```
account = 2000
payment = '電話費'

if payment == '水電費':
    account = account - 1200
    print('繳交水電費...')
elif payment == '瓦斯費':  ◄─ 否則如果...
    account = account - 300
    print('繳交瓦斯費...')
elif payment == '電話費':  ◄─ 否則如果...
    account = account - 499
    print('繳交電話費...')
else:  ◄─────────────── 以上條件都不成立時...
    print('無法辨認繳費項目')

print('帳戶餘額:', account)
```

```
繳交電話費...
帳戶餘額: 1501
```

如果 **if** 的條件不成立, Python 直譯器會看下一個 **elif** 的條件, 不成立就繼續往下看…若所有條件都無法成立, 那麼就會執行 **else** 底下的程式碼 (當然, 要是你沒寫 **else**, 那麼就什麼事也不會發生)。

多重條件判斷的順序, 也會影響條件運算式的寫法。來看以下例子, 這是個成績評鑑系統:

IN

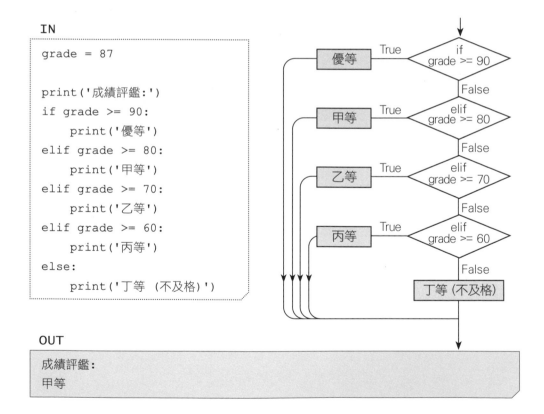

```
grade = 87

print('成績評鑑:')
if grade >= 90:
    print('優等')
elif grade >= 80:
    print('甲等')
elif grade >= 70:
    print('乙等')
elif grade >= 60:
    print('丙等')
else:
    print('丁等 (不及格)')
```

OUT

```
成績評鑑:
甲等
```

在這支程式中, 優等是 90 分以上, 甲等是 80 至 89 分… 但為何印出『甲等』的部分只需寫 grade >= 80 而不是 80 <= grade < 90 了呢? 這是因為前面已經判斷過 score 是否 >= 90, 若不成立就表示 score 一定小於 90 囉!

2-3 以 input() 輸入資料

本章以上的範例都有個缺點, 就是資料寫死在程式中, 以致判斷結果實在沒什麼好意外的。然而, 程式要判斷的資料往往來自外界 (如檔案、網路) 或由使用者輸入。故本節就來展示如何接收使用者手動輸入的資料, 好實現 if 做邏輯判斷時可能遭遇的不同情境。

Python 的 **input()** 函式會暫停程式執行, 等待使用者輸入一串文字和按 Enter 後才繼續:

IN

```
data = input()

print('你剛才輸入:', data)
```

OUT

```
少把我當塑膠    ←── 這是使用者輸入的字串
你剛才輸入: 少把我當塑膠
```

注意用 input() 輸入的資料會是字串型別, 因此若要當成數字使用, 得先用 int() 或 float() 轉為數值。我們在第 5 章會再更深入討論這些函式的用法。

以下我們改寫本章開頭的氣溫判斷範例, 改讓使用者輸入氣溫:

IN

```
print('輸入現在氣溫:')
temp = int(input())

if temp > 27:
    print('雖然很熱, 但是沒錢, 還是省省冷氣費吧~')
else:
    print('沒那麼熱, 省省冷氣費吧~')
```

OUT

輸入現在氣溫:
25 ← 按 [2] [5] [Enter]
沒那麼熱, 省省冷氣費吧~

下面我們再執行一次程式, 這回試試看輸入不同氣溫:

OUT

輸入現在氣溫:
28
雖然很熱, 但是沒錢, 還是省省冷氣費吧~

2-4 以 random 模組產生亂數

除了手動輸入，我們也可在程式中產生亂數或隨機數 (random number)。Python 的 **random** 模組中有許多可用來產生亂數 (隨機數) 的功能。在此我們要使用該模組的 **randint ()** 方法：

IN

```
import random    ← 匯入 random 模組

print(random.randint(1, 6))    ← 產生介於 1 到 6 的整數亂數
```

你可以重複執行這個範例，會發現每次的執行結果都不同。

Tip	其實 random 模組產生的亂數不是真正的隨機數，而是藉由演算法算出來的『偽隨機數』(pseudo random number)，因此它還是有某種模式可循，不適合用在資料加密之類的領域。不過，就一般狀況來說，這種亂數已經夠用了。

下面我們來寫一個虛擬骰子程式，每次執行時會丟出不同點數，並將點數以中文顯示出來：

IN

```
import random
dice = random.randint(1, 6)

print('擲出骰子點數:')
if dice == 1:
    print('一')
elif dice == 2:
    print('二')
```

```
elif dice == 3:
    print('三')
elif dice == 4:
    print('四')
elif dice == 5:
    print('五')
else:
    print('六')
```

OUT

擲出骰子點數：
五

Python 的模組

在 Python 中, 有許多功能被包裝在**模組 (module)** 裡, 這在其他程式語言中稱為『函式庫』。這些功能一開始並不在 Python 直譯器內, 若要使用的話, 必須用 import 把它『帶進來』才能使用, 比如我們在第 0 章已經用過 calendar、pandas、matplotlib 等模組。

若你使用 Jupyter Notebook 編輯器, 那麼在目前的畫面中, 模組只要 import 過一次就不必再匯入了, 直到你重新啟動編輯器 (重開畫面或在選單中執行 Kernel -> Restart) 為止。

重點整理

0. temp > 27 這樣的句子稱為**條件運算式 (condition expression)**,
   其結果能讓 **if** 敘述決定是否該執行某些程式。

1. if 和它的程式碼區塊必須放在同一個 Jupyter Notebook 儲存
   格 (cell) 內才能正確執行。

2. 條件運算式的核心是**比較算符 (comparison operators)**, 它得
   出的結果會是個**布林值 (bool)**, 也就是 **True** 或 **False**。

3. 一個條件運算式內可以有多個比較算符。

4. 多個條件運算式可以用**布林算符 (Boolean operator)** ——
   and, or 與 not —— 來串聯。

5. if 敘述後面可加入 **elif** 敘述來判斷後續的條件運算式, 並以
   else 攔截以上條件都不成立的狀況。

6. 你能使用 **input()** 函式讓使用者輸入資料 (字串)。

7. Python 有許多好用的模組, 需要用 import 匯入, 例如 random、
   calendar、pandas、matplotlib 等。

MEMO

串列 list 與字典 dictionary 資料結構

3-0 串列 (list)：收集一連串資料的容器

到現在你應該已經曉得, 變數是讓你在程式中記錄資料的好幫手。不過, 當資料越來越多時, 你得處理的變數就會跟著變多, 相當棘手。

舉個例, 你打算記錄每個月的開銷, 以便在月底統計自己亂花了多少錢：

IN
```
exp_1 = 1138
exp_2 = 101
exp_3 = 12
exp_4 = 300
exp_5 = 2049
```

然後, 你得將它們加總：

IN
```
total_expense = exp_1 + exp_2 + exp_3 + exp_4 + exp_5
print(total_expense)
```

OUT
```
3600
```

可以想見, 要是將每個月每天的支出都寫成獨立變數, 加總算式就會長到不行, 你也很容易算錯或漏算。此外, 你下個月還得整個重來一次, 光想就好累哪。

幸好, Python 提供了我們一個強大的工具, 叫做**串列 (list)**:

IN

```
expenses = [1138, 101, 12, 300, 2049]

print(sum(expenses))
```

OUT

```
3600
```

發現了嗎？上面中括號 [] 內同樣記錄了 5 筆資料, 然而語法更加簡潔, 並能算出一模一樣的結果。

這個中括號括起的資料結構 (data structure), 便是所謂的**串列 (list)**。

建立串列

串列也是個變數。建立串列的最簡單方式, 是用中括號包住一系列的值, 然後以 = 指派給一個串列變數名稱:

注意中括號 [] 內的值得用逗號分隔

IN

```
lst = [10, 20, 30, 40, 50]
print(lst)
```

建立串列變數 lst

OUT

```
[10, 20, 30, 40, 50]
```

所以，到底什麼是串列呢？串列的原文 list 意為清單或列表，顧名思義能用來『收納』一系列資料：

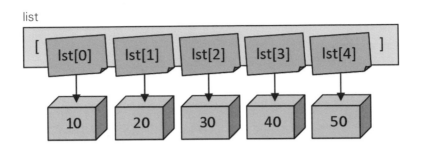

由於這種特質，串列也稱為**容器 (container)**，而它其中收納的值則叫**元素 (element)**。

元素與值的關係

其實，串列裡的元素也是一個個變數，而不是資料本身。這些變數 (上圖的 lst[0], lst[1]...) 會各別指向 (貼到) 一個值上。

串列是 Python 處理資料的重要工具之一，使用 Python 就一定會用到串列。我們在本書接下來的篇幅 (包括後半的資料科學章節) 會很常看到它的身影。

▍用索引 (index) 存取串列元素

那麼，串列裡的元素要如何存取？答案是用**索引 (index)**：

索引0　索引1　索引2 … 索引4

IN

```
expenses = [1138, 101, 12, 300, 2049]   ← 建立串列

print(expenses[0])
print(expenses[4])
```
用索引 (位置編號) 取得元素

OUT

```
1138
2049
```

所謂索引就是元素位置的編號, Python 的編號都是從 0 開始, 然後以 1, 2, 3...
的順序遞增。所以一個串列有 N 個元素時, 最末元素的索引就是 N - 1。

> **Tip** 有注意到嗎? 這本書的目錄編號都是從 0 開始, 就是為了向這種索引
> 風格 (又稱為 zero-based numbering) 致敬哦!

　　我們也可以用索引來更改元素的值, 比如你發現有帳記錯了, 需要修改
資料:

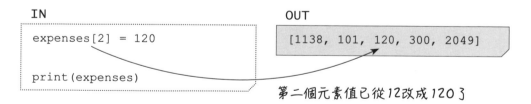

IN
```
expenses[2] = 120

print(expenses)
```

OUT
```
[1138, 101, 120, 300, 2049]
```

第二個元素值已從12改成120了

你甚至能在同一個串列內放型別不同的資料, 這又得歸功於 Python 變數身為
便利貼的強大彈性:

IN

```
expenses[2] = '發票遺失'
expenses[3] = 300.0

print(expenses)
```

OUT

```
[1138, 101, '發票遺失', 300.0, 2049]
```

變成字串了

索引一定是正值嗎？範圍可以到多大？

Python 串列的索引有個很有趣的特色。比如, 要是你嘗試用負索引去查詢串列, 會發生什麼事？

IN

```
print(expenses[-1])
print(expenses[-2])
print(expenses[-3])
```

OUT

```
2049
300.0
發票遺失
```

太神奇了傑克！為什麼這樣也查得到值呢？

原來, Python 將索引 -1 視為串列倒數第一個索引, -2 是倒數第二個索引, 以此類推：

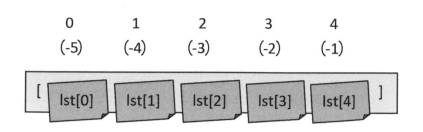

負索引是 Python 獨有的特色之一, 當你想查詢串列的倒數幾個元素時, 直接填 -1, -2, -3...的索引就很方便。

如果索引超過串列的最大索引範圍 (以此例來說為 4), 則會產生錯誤:

IN

```
print(expenses[5])  ◄── 5 超過最大索引
```

OUT

```
--------------------------------------------------------
IndexError                    Traceback (most recent call last)
<ipython-input-43-1122f9a7d90a> in <module>
      1 expenses = [1138, 101, 12, 300, 2049]
      2
----> 3 print(expenses[5])

IndexError: list index out of range
```
索引超出範圍

3-1 串列切片 slicing：擷取串列中某範圍的一些元素

使用切片

除了能用索引來存取單一元素, 你更能抓出串列中一段範圍的元素:

IN

```
expenses = [1138, 101, 12, 300, 2049]    ← 採用原本 expenses 的值

print(expenses[0:3])
```

OUT

```
[1138, 101, 12]
```

傳回的結果也是串列, 但只有原串列的前 3 個元素。

這個技巧稱為**切片 (slicing)**, 就像切西瓜或壽司一樣, 其語法如下:

語法

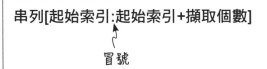

```
串列[起始索引:起始索引+擷取個數]
```

        冒號

假如我們想從索引 2 位置開始, 取 2 個元素, 中括號內得寫 [2:2+2] 或 [2:4]:

IN

```
print(expenses[2:4])
```

OUT

```
[12, 300]
```

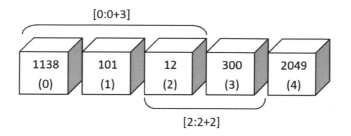

注意到上面取出的元素是索引 2 和 3, 但不包括 4。因此, 有些人也會説切片是『有頭無尾』。也就是説：要擷取索引 2 和索引 3 這兩個元素, 可以寫成 expenses[2:2+2] 或 espenses[2:4]。

▌ 切片範圍的另一種思考

如果你**把第二個數字看成是擷取範圍的終點**, 那麼寫 4 代表會擷取到索引 3, 但不包括索引 4。

IN

```
print(expenses[1:3]) ←— 取索引 1 到 (3 - 1 = 2)
print(expenses[0:3]) ←— 取索引 0 到 (3 - 1 = 2)
print(expenses[2:5]) ←— 取索引 2 到 (5 - 1 = 4)
print(expenses[3:5]) ←— 取索引 3 到 (5 - 1 = 4)
```

OUT

```
[101, 12]
[1138, 101, 12]
[12, 300, 2049]
[300, 2049]
```

若想擷取索引 1 到索引 4 的元素, 你得寫成 expenses[1:1+4] 或者 expenses[1:5]。(不用怕！expenses[1:5] 只會印出索引編號 1~4 的元素值, 不會印出 expenses[5], 所以不會出錯的！) 至於 expenses[0:3] 代表會擷取索引 0 到 2 的元素。

切片的進階用法

切片語法中, 起始與結束的索引也可以不寫, 不寫即代表串列的頭或尾, 此外還可加上第三個參數, 代表取值時要隔幾個元素:

語法

串列[起始索引:起始索引+擷取個數:索引間隔]

IN

```
print(expenses[1:])    ← 等於 [1:5]
print(expenses[:3])    ← 等於 [0:3]
print(expenses[:])     ← 等於 [0:5]
print(expenses[::])    ← 等於 [0:5]
print(expenses[::2])   ← 取整個串列, 但每隔 2 個元素取一次
print(expenses[::-1])  ← 取整個串列, 但倒著順序取 (使串列顛倒)
```

IN

```
[ 101, 12, 300, 2049]
[1138, 101, 12]
[1138, 101, 12, 300, 2049]
[1138, 101, 12, 300, 2049]
[1138, 12, 2049]
[2049, 300, 12, 101, 1138]
```

3-2 串列資料的增刪、加總與排序

　　串列不只是能用來記錄一連串資料而已, 我們還可以在程式執行時動態地增加或刪除裡面的元素、將串列的元素排序等等。

▍新增元素：append()

append() 函式是串列專有的函式或**方法 (method)**, 會把新的值附加在串列尾端。其語法如下：

語法

> **串列名.append(新資料)**

　　之前我們使用的串列, 其元素都是一開始就定義好的。但你仍可以在程式執行期間加新資料進去 (比如使用者輸入的新資料)：

IN

```
expenses.append(408)        在串列名稱和函式之間用句點連接
print(expenses)

expenses.append(571)
print(expenses)
```

OUT

```
                    新資料
[1138, 101, 12, 300, 2049, 408]        新資料
[1138, 101, 12, 300, 2049, 408, 571]
```

▌刪除及清空元素：remove()、clear()

若想刪除串列元素, 可用串列的 **remove()** 函式：

IN

```
expenses.remove(300)    ← 你不用指定索引位置, remoce() 會自動
print(expenses)            找到 300 這個元素, 然後把它移除掉
```

OUT

```
[1138, 101, 12, 2049, 408, 571]
```

最後, 你能用 **clear()** 函式清空整個串列 (使之變成空串列, 一筆勾銷)：

IN

```
expenses.clear()
print(expenses)
```

OUT

```
[] ← 空串列
```

元素總和：sum()

sum() 函式可計算串列中所有元素的總和：

IN
```
expenses = [1138, 101, 12, 300, 2049]  ← expenses 剛剛已被清空，
                                           現在把它 key 回來

print(sum(expenses))
```

OUT
```
3600
```

但若有串列元素不是數值, 就會發生錯誤。

元素數量：len()

len() 函式可取得串列的『長度』(length) 或元素的數量：

IN
```
expenses = [1138, 101, 12, 300, 2049]

print(len(expenses))
```

OUT
```
5
```

既然能知道總和與元素個數, 要算平均就簡單了：

IN
```
print(sum(expenses) / len(expenses))
```

OUT
```
720.0
```

最小與最大值：max()、min()

Python 內建函式 **min()** 與 **max()** 可取得串列中的最小值與最大值：

IN
```
print(min(expenses))
print(max(expenses))
```

OUT
```
12
2049
```

元素排序：sorted() 與 sort()

若想讓串列元素由小到大的順序排好, 你可使用 Python 內建函式 **sorted()**：

IN
```
s = sorted(expenses)

print(s, expenses)  ← 把兩個串列印出來看
```

OUT   s 已排序好了   原本的 expenses 不變
```
[12, 101, 300, 1138, 2049] [1138, 101, 12, 300, 2049]
```

結果 sorted() 會把排序好的結果傳給 s, 而原本的 expenses 並不會被改變。

若你想直接對串列內的元素排序, 可以使用串列專用的 **sort() method**：

IN
```
expenses.sort()
print(expenses)
```

OUT
```
[12, 101, 300, 1138, 2049]
```

3-3 字典：有鍵、值對照表的容器

串列很好用, 特別適合拿來記錄一系列相同性質的資料。但若是一組**性質各不同**的資料, 每筆資料有各自的意義, 這要怎麼處理呢？

比如, 我們需要記錄並使用某間餐廳的營業資訊：

IN

> 餐廳名稱：蟹堡王
> 創立年分：1959
> 現任業主：蟹老闆
> 員工數：2
> 員工姓名：海綿寶寶、章魚哥

若用串列來寫, 可能會變成以下這樣：

IN

```
restaurant = ['蟹堡王', 1959, '蟹老闆', 2, ['海綿寶寶', '章魚哥']]
```

這個元素本身也是一個串列 (即子串列)

如你所見, 這種寫法除了你自己以外, 沒有人搞得懂各筆資料代表什麼意思。要是資料量很大, 連你自己都可能會搞混。

為此, 我們得使用 Python 提供的另一個好用資料結構——**字典 (dictionary)**, 在 Python 中稱為 **dict**。

在解釋字典的用法之前, 我們同樣先來看上面範例改寫成字典會是什麼樣子：

IN

```
restaurant = {
    '餐廳名稱': '蟹堡王',
    '創業年分': 1959,
    '現任業主': '蟹老闆',
    '員工數': 2,
    '員工姓名': ['海綿寶寶', '章魚哥']
}
```

▌字典的鍵 (key) 與值 (value)

從以上範例能看到, 字典裡不只有資料, 還有資料欄位的名稱。這些欄位名稱叫做字典的**鍵** (key), 而每個鍵會對到一個**值** (value 資料)。這就像真實世界的字典或百科, 只要翻到條目名稱, 就能讀到你需要的資訊。

字典前後得用**大括號 {}** 包住, 每筆資料之間以**逗號**隔開, 鍵與值中間則需用**冒號**連接。首先來看以下範例:

IN

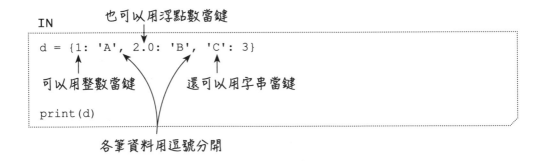

```
d = {1: 'A', 2.0: 'B', 'C': 3}

print(d)
```

OUT

```
{1: 'A', 2.0: 'B', 'C': 3}
```

你能發現, 字典的鍵可以是數值或字串, 更可以混著用。要注意的是你只能用 Python 的基本型別當字典的鍵不能用其他串列或字典當作鍵, 那樣會引發錯誤。

除此以外, 程式中的字典元素就算換行寫, 也不會影響字典本身。但適度的換行能增進程式碼的閱讀性, 讓人更容易看清楚字典的內容。

不過, 要是你在字典中用了重複的鍵, 會發生什麼事？

IN

```
d = {1: 'A',
     1: 'B',
     1: 'C'}


print(d)
```

OUT

{1: 'C'} ← 'A', 'B' 不見了

結果後面的鍵會把前面同樣的鍵覆蓋掉, 導致前面的值不見。所以在撰寫字典容器時, 這點不可不慎哪！

█ 用鍵查詢值

至於要如何從字典取出資料？我們可用**字典名稱加中括號來指定要查詢的鍵 (key)**：

語法

值 = 字典名稱[鍵]

IN

```
restaurant = {
    '餐廳名稱': '蟹堡王',
    '創業年分': 1959,
    '現任業主': '蟹老闆',
    '員工數': 2,
    '員工姓名': ['海綿寶寶', '章魚哥']
}         鍵         值

print(restaurant['創業年分'])   ← 用 '創業年分' 這個鍵查值
print(restaurant['員工姓名'])   ← 用 '員工姓名' 這個鍵查值
```

OUT

```
1959            ←──────╮─── 查出來的值
['海綿寶寶', '章魚哥']  ←──╯
```

但是, 如果鍵不存在 (或是你手殘打錯), 就會造成錯誤:

IN

```
year = restaurant['創業年']
```

OUT

```
--------------------------------------------------------------
KeyError                       Traceback (most recent call last)
<ipython-input-12-e6f7b9ea172d> in <module>
      7 }
      8
----> 9 restaurant['創業年']

KeyError: '創業年'   ←── 鍵錯誤 (查無此鍵)
```

查無此鍵的解法

為了避免在查字典時產生錯誤, 你可以先檢查字典裡是否有某個鍵:

IN

```
key = '營業額'

if key in restaurant:
    print(restaurant[key])
else:
    print('查無此鍵:', key)
```

OUT

```
查無此鍵: 營業額
```

> **in** 是邏輯算符, 在上面程式中它會判斷字典 restaurant 是否含有 key 這個
> 鍵, 並傳回 True 或 False。它不會引發 keyError 只要確定字典有此鍵, 查詢
> 就不會遇到錯誤了。
>
> **in** 算符也可用在串列或其它容器上。

在字典加入鍵與值

和串列一樣, 字典可以在程式執行期間動態加入新的元素：

IN

```
restaurant.update({'餐廳地點': '比奇堡'})
print(restaurant)
```

OUT

```
{'餐廳名稱': '蟹堡王', '創業年分': 1959, '現任業主': '蟹老闆', '員工數
': 2, '員工姓名': ['海綿寶寶', '章魚哥'], '餐廳地點': '比奇堡'}
```

字典的 **update()** 讓你能動態加入新的鍵與值。新的**鍵與值也必須包在
大括號內, 並用冒號隔開,** 所以感覺有點像把一個小字典貼到大字典尾端。

Tip	在較近期的 Python 版本中, 字典鍵與值會照加入的順序排列, 和串列 的表現很像。不過, 這個順序只是印出字典時的表面結果而已, 並不 代表它內部的排列。

拿字典當對照表

第 2 章中, 我們用 if 敘述來印出隨機骰子的中文點數：

IN

```
import random
dice = random.randint(1, 6)

print('擲出骰子點數:')
if dice == 1:
    print('一')
elif dice == 2:
    print('二')
elif dice == 3:
    print('三')
elif dice == 4:
    print('四')
elif dice == 5:
    print('五')
else:
    print('六')
```

像這樣的程式其實可用字典加以簡化:

IN

```
import random

dict_points = {1: '一', 2: '二', 3: '三', 4: '四', 5: '五', 6: '六'}
```
      ↖ 骰子點數對照表
```
dice = random.randint(1, 6)

print('擲出骰子點數:')
print(dict_points[dice])
```

如何?你有時根本不需要寫出複雜的 **if** 結構, 只要善用字典來查對照表就行了。

以資料處理的領域來說, Python 字典相當重要, 後面的章節也還會用到它。此外字典和串列一樣, 擁有許多專用的函式或『方法』, 我們以後有機會再介紹它們。

3-4 其他資料結構：tuple 與集合

▌tuple：不可變的串列

tuple 有人翻譯成『元組』(不是賣月餅的)。來看看它的語法跟串列有何分別：

IN
```
expenses = (1138, 101, 12, 300, 2049)  ← tuple 使用小括號,
                                          串列則用中括號
print(expenses)
print(type(expenses))
```

OUT
```
(1138, 101, 12, 300, 2049)
<class 'tuple'>
```

那麼, tuple 與串列差別在哪？答案是 tuple 的元素是不可改變的。若你試圖改變 tuple 的元素, 就會出現錯誤：

IN
```
expenses[1] = 999  ← 雖然 tuple 是用小括號來建立, 但
                      查值時仍得用中括號填入索引
```

IN
```
---------------------------------------------------------------
TypeError                         Traceback (most recent call last)
<ipython-input-17-c452a5649c46> in <module>
```
⬇

```
     1 expenses = (1138, 101, 12, 300, 2049)
     2
----> 3 expenses[1] = 999

TypeError: 'tuple' object does not support item assignment
```

tuple 不支援指派值的動作

所以你可以説 **tuple** 其實就是串列的唯讀版本, 且定義時用的是小括號而不是中括號。

　　那麼, **tuple** 究竟有什麼用？其實很簡單, 就是用來防止你或其他人隨便改變資料。有些程式模組 (包括本書後半介紹的某些資料科學套件) 在回傳資料時, 會特意使用 **tuple** 容器, 防止你有意無意竄改資料時造成程式問題。

▌集合：只有鍵的容器

　　Python 還有另一種容器叫做**集合 (set)**, 它和字典一樣用大括號包住資料：

IN

```
expenses = {1138, 101, 12, 300, 2049}

print(expenses)
print(type(expenses))
```

OUT

```
{2049, 101, 12, 300, 1138}
<class 'set'>
```

你可以把集合想成是**只有鍵的字典**, 雖然這兩者是不同的東西 (此外, 集合的元素是沒有順序的, 印出來會隨機排列。)

集合就和數學課教過的集合一樣, 裡面的資料不會重複。因此, 就算你放進重複的元素, 它們也還是會被丟掉。下面的例子就能很清楚展示這點：

IN

```
s = {1, 1, 1, 2, 2, 3, 4, 5, 5}

print(s)
```

OUT

```
{1, 2, 3, 4, 5}
```

於是你能用集合來檢查『資料裡有多少不重複的項目』, 這對於某些統計計算來說很有用。

我們也可以用 in 算符來檢查某元素是否存在於集合中：

IN

```
print(3 in s)
print(8 in s)
```

OUT

```
True
False
```

集合的另一個用處, 是和數學的集合一樣, 可以計算不同的集合做聯集、交集、差集後的結果：

IN

```
a = {1, 3, 5, 6, 7, 9}
b = {1, 2, 3, 4, 6, 8}

print(a | b)  ← 集合 a 與 b 的聯集
print(a & b)  ← a 與 b 的交集
print(a ^ b)  ← a 與 b 的對稱差集 (聯集減去交集)
```

OUT

```
{1, 2, 3, 4, 5, 6, 7, 8, 9}
{1, 3, 6}
{2, 4, 5, 7, 8, 9}
```

重點整理

0. **串列 (list)** 是能記錄一系列資料的容器或資料結構, 用中括號將資料包起來。這些資料稱為**元素 (element)**, 可用索引來存取。

1. 串列元素可以增刪, 同一個容器也能放入型別不同的值。

2. 串列可用**切片 (slicing)** 來擷取出一部分元素, 變成一個子串列。

3. 一些 Python 內建函式能用於處理串列元素。例如, **len()** 能取得串列的長度或元素數量, **sum()** 能算出元素總和, **sorted()** 則能傳回排序後的串列。

4. **字典 (dict)** 以鍵與值來記錄資料, 並以大括號包住元素。這些元素的值可用鍵的名稱來取得。

5. 字典可以當成對照表, 如此一來就不必撰寫複雜的 if 語句來傳回對應結果。

6. **tuple** 和**集合 (set)** 是 Python 的另外兩種容器; 前者類似元素不可變的串列, 後者則類似只有鍵的字典。

for、while 迴圈與走訪 iteration

4-0 做10件事情就要寫10行程式？
可以少一點嗎？

假設, 某人寫了支程式, 會自動下載大賣場 10 種衛生紙價格, 並放進下面這個串列 price_lst 交給你：

IN
```
price_lst = [859, 699, 759, 656, 801, 779, 569, 645, 739, 860]
```

即使動不動就發生衛生紙之亂, 你的手頭預算仍然有限, 所以你不想花超過 700 元買一包衛生紙。你希望程式能挑出低於 700 元的價格, 並將它們印出來。可是, 你目前只會一筆一筆用 **if** 敘述判斷, 所以可能會寫出如下的程式：

IN
```
if price_lst[0] < 700:
    print(price_lst[0])

if price_lst[1] < 700:
    print(price_lst[1])

if price_lst[2] < 700:
    print(price_lst[2])

if price_lst[3] < 700:
    print(price_lst[3])
# ... （下略）
```

串列裡有 10 筆資料, 所以你得寫 10 段 **if**, 真是太麻煩了！有沒有辦法簡化這樣的判斷流程, 寫一次就解決呢？

這個問題的答案, 就是本章要介紹的重複作業神器—— **for 迴圈**。

你可以執行看看底下的程式碼：

IN

```
for price in price_lst:
    if price <= 700:
        print(price)
```

注意第一行有冒號, 下面兩行要縮排

OUT

```
699
656
569
645
```

這邊的值都小於 700

如果在 Jupyter 之類的 Notebook 執行 for 迴圈, 就得和 if 一樣要把整個迴圈放在一個 cell 內, 不可分開, 否則會出現 error !

太厲害了！只要用 3 行程式, 就能做到前面一大堆程式碼的效果。可是這是怎麼做到的呢？

for 迴圈能逐次取出容器元素

為了說明 **for** 迴圈的運作方式, 我們先來看下面這個最簡單的 **for** 迴圈：

IN

```
for item in [0, 1, 2, 3, 4]:
    print(item)
```

OUT

```
0
1
2
3
4
```

這個 **for** 會重複執行 print() 五次, 依次印出串列 [0, 1, 2, 3, 4] 內的值。

4-1 用 for 迴圈走訪容器

for 迴圈的語法如下：

語法

> **for 變數 in 容器:**
>   **重複執行迴圈內的程式碼區塊**

for 迴圈**每次會從容器內取出一個元素的值**, 並指派給 **for** 後面的變數 (也就是前例出現過的 item 或 value)。

for 迴圈執行時會逐次走訪並取得容器元素的值, 這個動作稱為**走訪 (iterate)** 或遍訪。

Tip	和 **if** 敘述一樣, for 迴圈也是個程式區塊的結構。所以第一行結尾必須加上冒號 (:), 而迴圈內的所有程式碼必須向右縮排且對齊。

for 迴圈的運作用文字來說或許仍然很抽象。請看以下圖解：

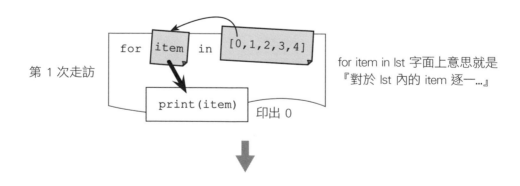

第 1 次走訪

for item in lst 字面上意思就是『對於 lst 內的 item 逐一...』

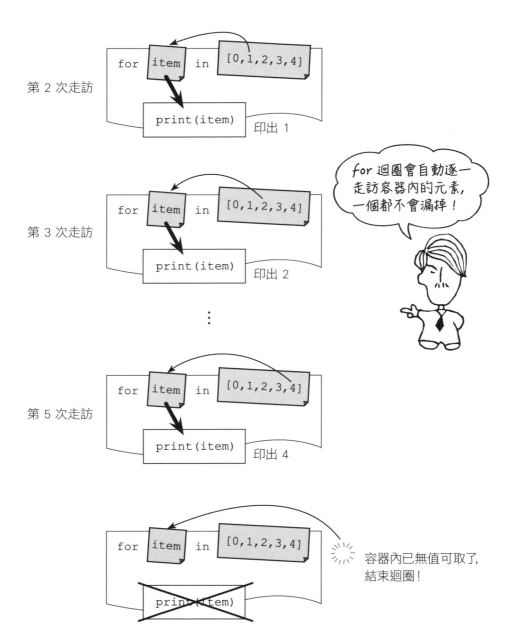

第 2 次走訪

印出 1

for 迴圈會自動逐一
走訪容器內的元素,
一個都不會漏掉!

第 3 次走訪

印出 2

第 5 次走訪

印出 4

容器內已無值可取了,
結束迴圈!

但我們也可以不用在 **for** 迴圈就把串列的內容一一寫出來, 而是用個串列變數, 效果仍是一樣的:

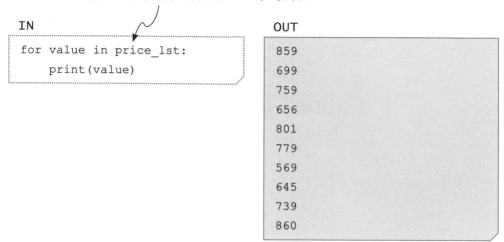

這個串列是延用 4-0 節一開始的 *price_lst*, 如果發生串列未定義的錯誤, 請重新執行 4-0 節的賦值

IN
```
for value in price_lst:
    print(value)
```

OUT

859
699
759
656
801
779
569
645
739
860

此處我們把 **for** 迴圈裡的串列換成之前的 price_lst 串列變數, 同時也把 item 變數名換成 value。請和前一個程式仔細比對其差異。

▌對串列元素做過濾

現在回來看本章開頭的 price_lst 串列。假如我們想更進一步, 把價格條件設在 650 至 700 元的商品 (因為你對價格特別低的產品不太有信心), 在 **for** 迴圈內改變 **if** 敘述的條件就好了:

IN

```
for price in price_lst:
    if 650 <= price < 700:
        print(price)
```

OUT

```
699
656
```

▌對串列元素做運算

　　現在, 假設大賣場在購物節時讓所有商品一概打 85 折, 該怎麼換算成打折期間的價格呢？

IN

```
for price in price_lst:
    print(price * 0.85)
```

OUT

```
730.15
594.15
645.15
557.6
680.85
662.15
483.65
548.25
628.15
731.0
```

4-2 用 for 迴圈產生索引來存取另一個容器

上一節我們看到如何用 **for** 走訪容器和印出每個元素, 甚至對元素做過濾或運算。不過, 你或許會發現前面的 **for** 迴圈有個小缺點:你不知道印出來的價格屬於第幾號商品。

這是因為 Python 的 **for** 迴圈做得太周到了, 它會自動把容器的元素逐一取出, 以致得到的值到底是容器中的第幾個? 要解決這個問題, 我們可以用 **for** 迴圈來產生索引而不是直接走訪容器的元素。

▌用 for 迴圈產生索引

直接來看下面這個例子, 它和前面的範例有什麼不同?

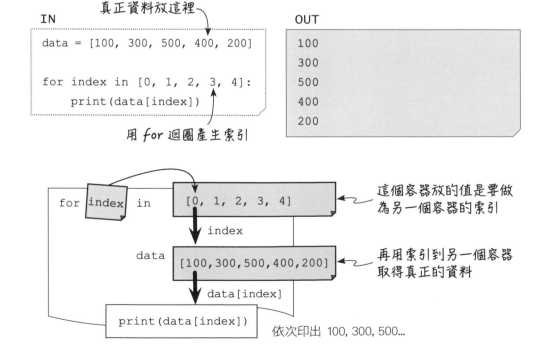

```
IN                          真正資料放這裡
data = [100, 300, 500, 400, 200]

for index in [0, 1, 2, 3, 4]:
    print(data[index])

        用 for 迴圈產生索引
```

```
OUT
100
300
500
400
200
```

```
for  index  in  [0, 1, 2, 3, 4]          這個容器放的值是要做
                                          為另一個容器的索引
              index
data  [100,300,500,400,200]               再用索引到另一個容器
                                          取得真正的資料
              data[index]
print(data[index])                依次印出 100, 300, 500...
```

4-8

這回 **for** 迴圈每次從串列 [0, 1, 2, 3, 4] 一次取一個值, 用來當成 data 串列元素的索引, 這樣也能取出 data 的任何元素!

這回我們多了索引值可用, 所以可以輸出下面這樣的結果:

```
for index in [0, 1, 2, 3, 4]:
    print('索引', index, '的資料為', data[index])
```

OUT

```
索引 0 的資料為 100
索引 1 的資料為 300
索引 2 的資料為 500
索引 3 的資料為 400
索引 4 的資料為 200
```

▌用 range() 替 for 產生索引數列

像前面這樣手動輸入串列 (比如 [0, 1, 2, 3, 4]), 其實有點麻煩。幸好, Python 早就提供了更方便的解法:

IN

```
for index in range(5):  ← 不用再輸入 [0, 1, 2, 3, 4]
    print('索引', index, '的資料為', data[index])
```

OUT

```
索引 0 的資料為 100
索引 1 的資料為 300
索引 2 的資料為 500
索引 3 的資料為 400
索引 4 的資料為 200
```

效果跟之前直接用串列來取出索引一模一樣，可是簡單許多。但 range() 做了什麼事呢？直接來檢視 range(5) 的結果看看：

IN

```
range(5)
```

OUT

```
range(0, 5)
```

看不出所以然，不過這乃意料中事；因為 **range()** 函式會傳回一個序列 (sequence)，但這序列並不是我們可直接處理的資料。若我們用 **list()** 函式把它變成串列，結果就清楚多了：

IN

```
list(range(5))
```

OUT

```
[0, 1, 2, 3, 4]
```

IN

```
list(range(10))
```

OUT

```
[0, 1, 2, 3, 4, 5, 6, 7, 8, 9]
```

可以看到，range() 內的數字為 N 時，它會產生有 N 個數的數列，其值為 0 到 N – 1，正好就是我們想要的索引數列。

for 迴圈的練習

當然，for 迴圈不是一定要拿來走訪容器。你能很單純用 for 迴圈來重複程式碼特定的次數：

IN

```
for i in range(4):
    print('祝我生日快樂')
```

OUT

```
祝我生日快樂
祝我生日快樂
祝我生日快樂
祝我生日快樂
```

可以拿來數數：

IN
```
for i in range(100):
    print(i+1, '隻羊...')
```

OUT

1 隻羊...

2 隻羊...

3 隻羊...

4 隻羊...

5 隻羊...

...

98 隻羊...

99 隻羊...

100 隻羊...

自我 練習　要是你嫌上面數羊太慢 (因為一個人過生日很鬱悶, 你想要快點睡著), 也可以拿索引做點運算, 顯示右列數字：

OUT

1 隻羊...

4 隻羊...

9 隻羊...

16 隻羊...

25 隻羊...

...

9604 隻羊...

9801 隻羊...

10000 隻羊...

自我 練習　請寫個程式把前述 price_lst 這個串列的偶數索引元素用 print() 列出來。

▌讓 range() 數列長度自動對應到容器

現在我們已經學會用索引來走訪容器, 所以再次回顧本章開頭的衛生紙價格串列 price_lst：

IN

```
for index in range(10):
    if 650 <= price_lst[index] < 700:
        print('第', index+1, '種商品符合條件:', price_lst[index])
```

OUT

```
第 2 種商品符合條件: 699
第 4 種商品符合條件: 656
```

問題來了：range() 內的數字 (10) 是我們手動輸入的, 可是商品種類或許會隨著情況有增減。比如, 有的產品因缺貨而下架, 而使 price_lst 串列的長度改變, 結果你忘了將串列長度更新到 range() 內：

這次只有 9 筆資料, 最後一筆刪掉了

IN

```
price_lst = [859, 699, 759, 656, 801, 779, 569, 645, 739]

for index in range(10):    ← 忘了更新成 range(9)
    if 650 <= price_lst[index] < 700:
        print('第', index+1, '種商品符合條件:', price_lst[index])
```

OUT

```
第 2 種商品符合條件: 699
第 4 種商品符合條件: 656          出事了！
----------------------------------------------------------------
IndexError                      Traceback (most recent call last)
<ipython-input-19-436b4220a681> in <module>
      2
      3 for index in range(10):
```

```
----> 4        if price_lst[index] < 700:
      5            print('第', index+1, '種商品符合條件:', price_lst[index])


IndexError: list index out of range
```
← 串列索引超出範圍

這時我們可以照前一章介紹的, 用 len() 來取得串列的長度, 確保 range() 數列能跟容器剛好一樣長:

IN

```
print('串列長度:', len(price_lst))

for index in range(len(price_lst)):
    if 650 <= price_lst[index] < 700:
        print('第', index+1, '種商品符合條件:', price_lst[index])
```

len() 會自動為我們算出串列長度, 保證 range() 不會出錯

OUT

```
串列長度: 9
第 2 種商品符合條件: 699
第 4 種商品符合條件: 656
```

關於 Python for 迴圈用法, 其實還有很多進階變化, 依據不同的場合提供不同的功能, 原理都是大同小異的。但本章介紹的兩種 **for** 迴圈, 其實就已經能應付絕大多數的場合了。

4-3 用 for 迴圈走訪字典

for 迴圈不只能走訪串列, 連字典也行。但是, 走訪字典會有什麼結果?

來看以下範例:

IN

```
Avengers = {
    'Iron Man': 'Tony Stark',
    'Hulk': 'Bruce Banner',
    'Thor': 'Thor Odinson',
    'Captain America': 'Steve Rogers',
    'Black Widow': 'Natasha Romanoff',
    'Hawkeye': 'Clint Barton',
}

for item in Avengers:
    print(item)
```

OUT

```
Iron Man
Hulk
Thor
Captain America
Black Widow
Hawkeye
```

怪怪, 怎麼只有印出字典的鍵?

原來用 for 走訪字典，方式會跟串列有點不同：

IN

鍵　　　值

```
for key, item in Avengers.items():
    print(key, '-->', item)
```

改這樣就成功了！

OUT

```
Iron Man --> Tony Stark
Hulk --> Bruce Banner
Thor --> Thor Odinson
Captain America --> Steve Rogers
Black Widow --> Natasha Romanoff
Hawkeye --> Clint Barton
```

我們來看一下字典的 items() 方法會傳回什麼：

IN

```
Avengers.items()
```

OUT

```
dict_items([('Iron Man', 'Tony Stark'), ('Hulk', 'Bruce
Banner'), ('Thor', 'Thor Odinson'), ('Captain America', 'Steve
Rogers'), ('Black Widow', 'Natasha Romanoff'), ('Hawkeye',
'Clint Barton')])
```

由 items() 傳回的 dict_items 是個特別的容器，它每個元素裡會包含鍵與值兩筆資料。由於有兩筆資料，**for** 迴圈這邊也要提供兩個變數 (key 和 item)，如此一來才能接收到對應的值。

用 pprint 漂亮地印出字典

上面可以看到,你能用 for 迴圈把字典的內容用某種格式印出來,這比用 print() 直接印出整個字典好看多了。

但這裡我們順便介紹另一個方法,不需要用迴圈就能漂亮地印出字典:

IN

```
import pprint    ← 匯入 pprint (即 pretty print) 模組


pprint.pprint(Avengers)
```

OUT

```
{'Black Widow': 'Natasha Romanoff',
 'Captain America': 'Steve Rogers',
 'Hawkeye': 'Clint Barton',
 'Hulk': 'Bruce Banner',
 'Iron Man': 'Tony Stark',
 'Thor': 'Thor Odinson'}
```

不過,注意 pprint 也會把字典鍵由小到大排序。

Tip	我們已經學會用 for 迴圈走訪串列和字典,但 for 迴圈其實能用來走訪所有的『可走訪物件』,包括 tuple、字串等等。是不是很有用呢?

4-4 while 迴圈：有停止條件的迴圈

Python 中除了 **for** 迴圈外，還有另一種迴圈，稱之為 **while** 迴圈。

試想，你想讓程式重複產生介於 0 到 100 的亂數，直到出現幸運數字 77 才停止。但是，你不知道迴圈得重複幾次，才能產生出 77。

若用 **for** 迴圈來寫，你為了『確保』程式一定有機會產生出 77 這個數字，只好寫一個執行很多很多次的迴圈，然後在條件成立時停止它：

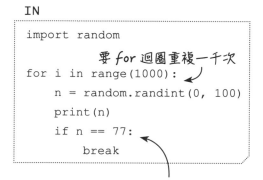

IN	OUT
| ```
import random

要 for 迴圈重複一千次
for i in range(1000):
    n = random.randint(0, 100)
    print(n)
    if n == 77:
        break

若亂數等於 77, 就跳出迴圈
``` | 87<br>97<br>16<br>66<br>35<br>...<br>23<br>15<br>77 |

> **Tip** | 在迴圈內使用 break 敘述，就會立刻跳出 (停止) 該迴圈，並繼續執行迴圈之後的程式。

可想而知，這是個不太聰明的做法。萬一迴圈跑了一千遍都沒有出現 77，這支程式就失敗了。

現在來執行看看下面這個版本。你看得出來這版本和前面的有何不同嗎？
```

IN

```
import random

n = 0
while n != 77:
    n = random.randint(0, 100)
    print(n)
```

OUT

```
27
28
30
67
52
...
29
87
77
```

while 迴圈是條件式的迴圈

while 迴圈與 for 迴圈最大的不同, 就在於 for 迴圈會事先決定好要重複幾次 (根據容器的長度), 而 while 迴圈則是會**一直重複迴圈, 直到指定的條件不再成立為止**。

最簡單的 while 迴圈語法如下：

語法

while 條件運算式：
　　條件成立時會重複執行的程式碼

條件運算式？怎麼似曾相似？因為我們在介紹 if 的語法時有講過哦！

> **Tip**　while 迴圈也是程式碼區塊結構, 第一行結尾有冒號, 下面屬於迴圈的程式碼則得縮排和對齊。

while 迴圈每次執行程式碼區塊前, 會先檢查條件運算式的值。如果傳回 True, 就會執行迴圈內的程式碼。如果為 False, 則 while 迴圈就會停止。

有點難懂嗎？來看下面這個範例：

IN

```
n = 0

while True:
    print(n)
    n = n + 1
```

OUT

```
1
2
3
...
10000
10001
10002
...
```

執行看看, 發生了什麼事？

　程式開始不斷吐出數字, 每次加 1, 可是停不下來 (記得趕緊按下編輯器的停止鈕來中止這場惡夢！)。這是因為 **while** 的條件運算式只寫了 True, 代表它無論如何都會成立。迴圈於是就變成**無窮迴圈** (endless loop) 了。

　若你希望 **while** 迴圈能在某個時候停下來 (比如數字加到超過 100), 你就得告訴它停止條件。不過, 下面這樣寫對嗎？

IN

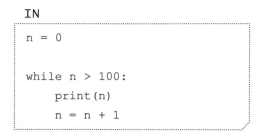

```
n = 0

while n > 100:
    print(n)
    n = n + 1
```

OUT

沒有印出任何東西！？

原來, **while** 迴圈**在條件運算式成立時才會繼續重複迴圈** (所以上面的迴圈根本沒有執行就結束了)。也就是說, 我們要指定的是『繼續執行』的條件, 而這個條件不成立時 while 迴圈才會結束：

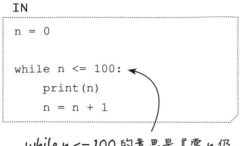

```
IN
n = 0

while n <= 100:
    print(n)
    n = n + 1
```

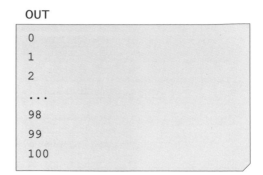

```
OUT
0
1
2
...
98
99
100
```

while n <= 100 的意思是『當 n 仍 小於等於 100 時就繼續跑迴圈』

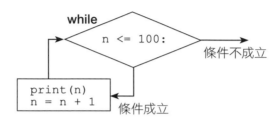

▍適合使用 while 迴圈的場合

現在, 回頭來看看前面提過的亂數範例:

IN
```
import random

n = 0
while n != 77:  ← 你也可以用 not n == 77 來取代 n != 77
    n = random.randint(0, 100)
    print(n)
```

這時你應該能看懂, 只要變數 n 的值不是 77, **while** 迴圈就會不停重複 (產生亂數並指派給 n), 直到 n 等於 77 為止。

這樣各位應該能明白, 比起 **for** 迴圈, **while** 迴圈更適合**重複次數未知、只知結束條件**的情況。

下面是另一個例子, 這程式會不斷接收使用者輸入的字串並印出, 直到使用者直接按 Enter (輸入空字串) 為止:

IN

```
text = '...'  ←——————  給變數 text 一點內容, 免得一開始就被
                        while 判定為空字串、令迴圈直接結束
while len(text) > 0:
    print('請輸入任意字串: (直接按 Enter 結束)')
    text = input()
    print('你輸入了', len(text), '個字')

print('文字輸入結束')
```

OUT

```
請輸入任意字串: (直接按 Enter 結束)
吃葡萄不吐葡萄皮
你輸入了 8 個字
請輸入任意字串: (直接按 Enter 結束)
塔滑湯灑湯燙塔
你輸入了 7 個字
請輸入任意字串: (直接按 Enter 結束)
你蛋餅不加蔥燒餅不加蛋!
你輸入了 12 個字
請輸入任意字串: (直接按 Enter 結束)

你輸入了 0 個字
文字輸入結束
```

本章展示了如何用迴圈來簡化程式, 讓我們用更簡潔的程式碼處理資料。**while** 可以處理特定條件 (不限次數) 的迴圈, **for** 則可以自動走訪容器的元素, 你也可以不必事先知道容器元素的個數 (用 len())。只要善用這些特性就可以大大加強你的程式能力哦!

重點整理

0. **for 迴圈**能用來**走訪** (iterate) 某個容器, 並依據容器大小重複執行程式碼一定次數。因此, 我們能用 for 迴圈來逐次取出串列或字典容器的元素並處理之。

1. for 迴圈可以直接走訪容器, 或借用 **range()** 數列當成索引來存取容器元素。

2. 用 for 迴圈走訪字典時, 必須用字典的 **.items()** 方法才能完整取出鍵與值。

3. 如果只是想更美觀地印出容器內容, 也可直接使用 **pprint** 模組。

4. **while 迴圈**也能重複執行程式碼, 但只會在其條件判斷式不再成立時結束。因此, **while** 迴圈適合處理重複次數不確定的任務。

數值、字串與簡易統計計算

數值和字串是資料處理的大宗, 分析資料也一定會使用到基本統計學。本章就先來為此打下基礎, 好替後續的資料科學應用打好基礎。

5-0 Python 數值處理

將其他資料轉為整數：int()

第 1 章提過字串與數值不能放在一起運算, 但有時你收到的資料偏偏就是字串格式, 例如使用者透過 input() 函式輸入的資料：

IN

```
print('請輸入兩個數字:')

x = input()
y = input()
result = x + y

print('結果:', result)
```

OUT

```
請輸入兩個數字:
8
9
結果: 89
```

因為都是字串, 所以相加其實是相連

真惱人！有沒有辦法把輸入的資料轉成真的數值呢？

IN

```
print('請輸入兩個數字:')

x = input()
y = input()


result = int(x) + int(y)

print('結果:', result)
```

OUT

```
請輸入兩個數字:
8
9
結果: 17
```

如上所見，Python 內建的 **int() 函式**能將其他型別的資料轉成整數。(前提是那個資料真的能轉成整數)。你可以試試看, 在執行剛才的範例時故意輸入非數字：

IN

```
請輸入兩個數字：
8
九
------------------------------------------------------------
ValueError                       Traceback (most recent call last)
<ipython-input-4-5e6dd51a4303> in <module>
      4 y = input()
      5
----> 6 result = int(x) + int(y)
      7
      8 print('結果:', result)

ValueError: invalid literal for int() with base 10: '九'
```

沒辦法將字串 '九' 轉成 10 進位整數

顯然要是使用者輸入錯誤的資料, 還是會造成問題。不過, 這同樣是可以防堵的。我們在 5-3 節就會講到怎麼檢查字串內容是否為數值。

將其他資料轉為浮點數：float()

你也可以用 **float() 函式**將別的資料型別轉換為浮點數：

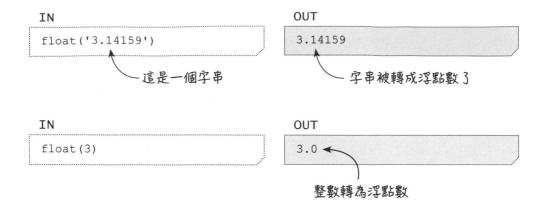

IN

```
float('3.14159')
```

這是一個字串

OUT

```
3.14159
```

字串被轉成浮點數了

IN

```
float(3)
```

OUT

```
3.0
```

整數轉為浮點數

浮點數運算的奇特現象

當你拿幾個浮點數做運算時, 也許會發現一件奇怪的事: 有時算出來的結果跟預期就是有一點點誤差。

IN

```
3.4 + 4.3
```

OUT

```
7.699999999999999
```

結果應該是 7.7

這其實是因為浮點數在電腦系統中, 是用二進位的形式記錄的 (這裡不深入談細節), 因此換算回 10 進位時多少會有細微的差距。

把浮點數四捨五入：round()

有時為了更容易處理資料, 你可以用 int() 截掉浮點數的小數位。可是, 有時你會更希望做四捨五入, 或者四捨五入到小數某一位...

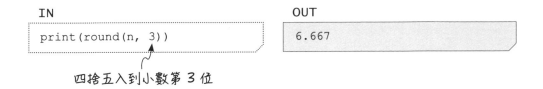

```
IN
n = 20 / 3  ← 等於 6.6666...

print(n)
print(int(n))
print(round(n))  ← 四捨五入
```

```
OUT
6.666666666666667
6  ← int(n) 會直接去掉小數
7  ← round(n) 則四捨五入
```

round() 函式會對浮點數做四捨五入。在正常狀況下, 傳回的結果會是整數。不過, 你也可以指定它四捨五入到某個小數位 (這樣會傳回浮點數):

```
IN
print(round(n, 3))
```

```
OUT
6.667
```

四捨五入到小數第 3 位

█ 絕對值：abs()

假如你想計算兩個值的差距, 可是事前不確定哪一個值比較大, 可以用 **abs() 函式**傳回絕對值 (不管正負都會傳回正值):

```
IN
a = 7
b = 11

print(a - b)
print(abs(a - b))
print(abs(b - a))
```

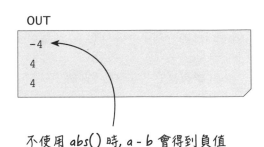

```
OUT
-4  ←
 4
 4
```

不使用 abs() 時, a - b 會得到負值

5-1 math 模組

假如你想做更進階的數學計算功能, 可以使用 Python 的 math 模組：

```
IN

import math  ← 匯入 math 模組


print(math.pi)  ← 取得圓周率
print(math.pow(2, 3))
                  計算 2 的 3 次方
```

```
OUT

3.141592653589793
8.0
```

下面我們列出一些函式語法, 讓各位有個大致概念, 但不會深入介紹它們。

語法

math.pi	← 圓周率
math.e	← 自然對數 e
math.pow(n, k)	← 計算 n 的 k 次方
math.exp(k)	← 計算自然對數 e 的 k 次方
math.sqrt(n)	← 計算 n 的平方根
math.log10(n)	← 計算 n 的 $\log_{10}$ 對數
math.log2(n)	← 計算 n 的 $\log_2$ 對數
math.log(n)	← 計算 n 的 $\log_e$ 對數
math.ceil(n)	← 傳回大於等於 n 的整數 (如 3.14 會傳回 4)
math.floor(n)	← 傳回小於等於 n 的整數 (如 3.14 會傳回 3)
math.gcd(n, k)	← 傳回 n 與 k 的最大公因數 (如 120 和 72 會傳回 24)
math.factorial(n)	← 傳回 n! (n 的階乘, 如 5! = 120)
math.comb(n, k)	← 傳回 n 個元素中取出 k 個值的組合 (combinations)
math.perm(n, k)	← 傳回 n 個元素中取出 k 個值的排列 (permutations)
math.prod(c)	← 傳回容器 c 的元素可以組成幾種笛卡兒積 (product)
math.sin(n)	← 三角函數 sin (參數為弧度 n)
math.cos(n)	← 三角函數 cos (參數為弧度 n)
math.tan(n)	← 三角函數 tan (參數為弧度 n)
math.degrees(n)	← 將弧度 n 換算成角度
math.radians(n)	← 將角度 n 換算成弧度

5-2 簡易統計量數計算

哦不！統計學！

免驚！Python 都會替你算好！

對不少人來説, 統計學或許是他們生命中永恆的痛 (説不定還是正在進行中的痛)。令人慶幸的是, Python 透過 **statistics** (統計) 模組提供了一些簡單好用的功能, 你連動筆寫算式都不必。

舉個例子, 如果你想分析『財金、保險分析研究人員』行業 12 年來的每月總薪資, 並取得以下的資料 (資料來源為勞動部, 民國 97 至 108 年)：

IN

```
salary = [71883, 76693, 80957, 77526, 75134, 82753,
          92819, 88639, 87058, 84874, 120730, 103184]
```

對於這些資料, 我們會想了解它的一些特色；比如, 平均值是多少？薪資的平均變動幅度有多大？這些都是能在 Python 中輕鬆計算出來的。

平均數

平均數 (mean) 應該不難懂, 就是把所有值加總, 然後除以資料總個數：

IN

```
print(sum(salary) / len(salary))
```

OUT

```
86854.16666666667
```

不過, 若改用 Python 的統計模組就簡單了：

```
import statistics as st  ← 給 statistics 模組取個
                            更簡短的別名 st

print(st.mean(salary))
```

```
86854.16666666667
```

▌中位數

中位數 (median) 是另一個常見的統計量數, 即位於資料正中央的值。中位數能反映資料的中央點, 顯示整體資料的分佈究竟是偏高還是偏低 (也就是資料的『偏度』)。

為了能找出中位數, 你得先給資料排序。然後若資料數量是**奇數**, 取正中間那筆資料就行了。但如果是**偶數**, 就得取最中央的兩筆算平均。

可想而知, 要自己計算中位數的話, 甚至得動用 if 做判斷才行。但改用 statistics 模組來做就輕鬆多了, 連自己排序都不必:

```
import statistics as st

salary = [49631, 29434, 34097, 33560, 30785, 31300,
          33930, 33326, 28941, 33484, 35699, 36856]

print(sorted(salary))  ← 這一行其實是不需要的, 只是為了
print(st.median(salary))    讓你更方便看出中位數在哪裡
```

為了看得更清楚, 這裡先顯示資料排序後的模樣

OUT

```
[71883, 75134, 76693, 77526, 80957, 82753, 84874, 87058, 88639,
92819, 103184, 120730]
83813.5
```

83813.5 即 (82753 + 84874) / 2

前面我們得知這群資料的平均數約為 86854, 比這裡的中位數高, 代表什麼意思呢？很顯然有些值太大，把平均拉高了, 但中位數顯示大部分資料並沒有那麼高。平均數和中位數不相等表示分布有**偏度 (skew)**, 若平均數大於中位數, 則分布偏高 (右), 反之則偏低 (左)。

變異數與標準差

假如有以下兩筆資料, 我們分析它們的平均數與中位數：

IN

```
import statistics as st

data1 = [800, 900, 1000, 1100, 1200]
data2 = [500, 750, 1000, 1250, 1500]

print(st.mean(data1))
print(st.mean(data2))
print(st.median(data1))
print(st.median(data2))
```

OUT

```
1000
1000
1000
1000
```

結果完全一樣, 然而兩組資料的分佈狀況明顯不同！data1 比較集中, data2 則比較分散。這時我們就會用到兩個重要的統計量數：**變異數 (variance) 與標準差 (standard deviation)**。這兩個量數能用來判斷資料的離散 (dispersion) 程度。

變異數與標準差是如何計算？

為了解釋這兩個量數的概念, 我們得稍微講解它們是如何計算的。請放心, 本書不會教數學公式, 也不需要你動手算。

若想判斷資料的離散程度, 我們會用平均數當作基準, 求出每筆資料跟平均數的差距。將這些差距加總再算出平均, 就知道資料的平均分散程度了。

問題在於, 資料跟平均的差距有正有負, 若直接相加就會自動抵銷。因此, 我們會把這些差距轉成平方 (於是一定會變成正值)。這些差距的平方加總再算出平均, 就是所謂的『變異數』。

把變異數開平方根, 就會變成標準差。標準差即為我們一開始想知道的結果：**所有資料跟平均數的平均差距。**

變異數與標準差越大, 資料的離散程度就越高。當你在做資料科學時, 你就可根據這些分析結果來判斷資料集 (data set) 的特性：這筆資料的變動幅度大不大？數據是否穩定？

statistics 模組讓我們能輕鬆算出變異數 (variance) 和標準差 (stdev)：

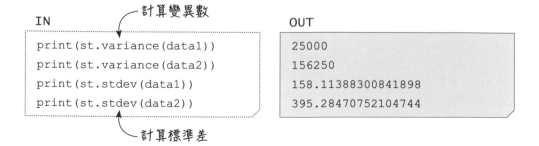

計算變異數

```
IN
print(st.variance(data1))
print(st.variance(data2))
print(st.stdev(data1))
print(st.stdev(data2))
```

計算標準差

```
OUT
25000
156250
158.11388300841898
395.28470752104744
```

可見 data1 的標準差為 158, data2 則是 395, 這顯示 data2 的離散程度比
data1 大。

眾數

基礎統計量數中, 還有一個成員叫**眾數 (mode)**, 代表資料中出現最多次
的值。有人把眾數看做流行指標, 例如在一群人當中, 走日系風打扮的人最
多, 或者喜歡喝拿鐵的人最多, 只要統計數據後就能用眾數看出來。

由於前面的薪資資料沒有重複的值, 拿來算眾數就沒有意義了。所以我
們換個例子, 來調查將一個骰子擲出 20 次後, 哪個點數會碰巧出現最多次:

IN
```
dice=[6, 5, 1, 1, 5, 5, 3, 6, 2, 5, 4, 5, 3, 4, 5, 2, 4, 1, 3, 6]
```

你也不必慢慢數, 因為 statistics 模組再次救了我們一命:

IN
```
print(st.mode(dice))
```

OUT
```
5
```

> **Tip** | 若資料中重複次數最多的值不只一個, mode() 會產生錯誤。這時可改
> 用 multimode() 函式將這些值以串列一起傳回。

至此各位應該能了解, 用 Python 做統計計算也沒有想像中難。統計量數
是資料分析的重要工具, 在資料科學中一定會碰到;到了在本書第 7 與 8 章,
我們會介紹其他重要的統計量數, 以及如何用更強大的第三方套件來處理、
甚至將結果繪製成圖表。

5-3 Python 字串處理

Python 的字串跟數值一樣, 也有很多處理功能可用。現在我們就來看字串各種好用的函式。

▌ 字串長度 len()

和串列一樣, 你能用 len() 取得字串的長度：

IN

```
word = 'Supercalifragilisticexpialidocious'

print(len(word))
```

OUT

```
34
```

▌ 將其他資料轉為字串 str()

一如前面字串可以轉成數值, 你可以用 **str()** 函式把數值轉成字串：

IN

```
x = 0
y = 0
z = 7

print(str(x) + str(y) + str(z))
```

OUT

```
007 ◀── 字串相連
```

字串裡的字元是不是整數？isnumeric()

前面提過若想把字串轉成數字, 可是內容不是數值的話, 就會發生錯誤。還好, 字串有個辦法能檢查其內容是否為整數:

IN

```
print('請輸入一個數字:')
n = input()

print('你輸入的是數值嗎?', n.isnumeric())
```

OUT

```
請輸入一個數字:
9b
你輸入的是數值嗎? False
```

Python 的字串本身也是物件, 擁有一些 method (物件專屬的函式)。『字串.isnumeric()』這個 method 會判斷**字串本身是不是整數**, 是的話傳回 True, 反之傳回 False。

這麼一來, 我們就能替程式加上 if 敘述來檢查資料, 以免嘗試轉換不正確的資料時害程式掛掉:

IN

```
print('請輸入兩個數字:')

x = input()
y = input()

if x.isnumeric() and y.isnumeric():  ←── 檢查輸入的 x 和 y
    print('結果:', int(x) + int(y))        是否皆為數值
else:
    print('嗶嗶~輸入錯誤!')
```

請輸入兩個數字：
人
377
嗶嗶~輸入錯誤！

檢查字串是否可轉為浮點數

上面這個辦法, 只能用來檢查字串內是否為整數, 卻無法檢查浮點數, 因為小數點本身還是會被當成字串：

IN

```
z = '3.14'
print(z.isnumeric())
```

OUT

```
False
```

不過, 只要運用一點小技巧, 就能繞過這個問題了。下面使用稍後就會介紹的字串取代函式 replace() 來拿掉字串中的小數點, 這麼一來呼叫 isnumeric() 就能判斷是否為數字：

IN

```
z = '3.14'
print(z.replace('.', '').isnumeric())
```

將小數點拿掉

OUT

```
True
```

尋找字串：in 算符和 find()

你可以用 **in** 算符檢查一個字串裡是否包含某段字串：

IN
```
print('coin' in 'Toss a coin to your Witcher')
```

檢查輸入的 x 和 y 是否皆為數值

OUT
```
True
```
← 如果找不到 'coin' 則傳回 False

另一個方式是用字串的 **find()** 方法：

IN
```
'Toss a coin to your Witcher'.find('coin')
```

OUT
```
7
```

這裡傳回的 7 表示 coin 這個詞出現在字串索引 7 的位置（要記得 Python 中所有索引都是從 0 算起！）。我們等一下就會解釋字串索引究竟是做什麼用的。

要是 **find()** 沒找到符合的字串, 會傳回 -1：

IN
```
'Toss a coin to your Witcher'.find('YOUR')
```

OUT
```
-1
```
← 這不是負索引, 而是找不到字串的意思

字串大小寫轉換 upper(), lower(), capitalize()

前面的範例之所以搜尋不到詞, 是因為 Python 把大小寫不同的字串視為不同。這會讓你很傷腦筋, 因為文字明明就一樣, 但大小寫不同就判斷不到。

但我們可以靠 Python 字串的幾種函式來統一字串大小寫 (限英文):

IN

```
text = 'Toss a coin to your Witcher'

print(text.upper())     ← 全轉大寫
print(text.lower())     ← 全轉小寫
print(text.capitalize())  ← 全句第一個字大寫
print(text.title())     ← 每個單字第一個字大寫
```

OUT

```
TOSS A COIN TO YOUR WITCHER
toss a coin to your witcher
Toss a coin to your witcher
Toss A Coin To Your Witcher
```

於是, 只要先改變字串大小寫, 搜尋字串時就能順利找到了:

IN

```
text = 'toss a coin to your Witcher'

text = text.upper()     ← 把變數 text 的字串內容轉大寫
print(text.find('YOUR'))
```

OUT

```
15   ← 表示 w 是在索引 15 的位置
```

取代字串 replace()

字串的 **replace()** 方法可以用來把字串的一部份替換掉：

IN

```
text = '無心插柳柳成蔭'
text = text.replace('成蔭', '橙汁')
print(text)
```

OUT

```
無心插柳柳橙汁
```

字串.replace() 會傳入兩個參數, 第一個是要找的字串內容, 第二個是要取代之的字串。

replace() 在某些時候是非常好用的。比如, 你從網路上取回的資料可能含有換行字元 (\n), 以便在顯示時能有斷行效果：

IN

```
poem = '枯藤老樹昏鴉，\n小橋流水人家，\n古道西風瘦馬。\n夕陽西下，\n斷腸人
在天涯。'
print(poem)
```

OUT

```
枯藤老樹昏鴉，
小橋流水人家，
古道西風瘦馬。
夕陽西下，
斷腸人在天涯。
```

可是你在處理字串時並不需要換行符號, 所以你可以用 replace() 能輕鬆去掉
這些字元:

IN

把換行字元換成空字元

```
poem = poem.replace('\n', '')
print(poem)
```

OUT

枯藤老樹昏鴉,小橋流水人家,古道西風瘦馬。夕陽西下,斷腸人在天涯。

f-string 格式化字串

試想你手上有一份日期資料 (都是整數), 想把它們整理成某種格式以字
串輸出, 於是可能會這樣寫:

IN

```
year = 2077
month = 10
day = 23

date_str = str(year) + '-' + str(month) + '-' + str(day)
print(date_str)
```

OUT

```
2077-10-23
```

這樣做很直覺, 但若要輸出的資料數量更多, 你的格式字串運算式就會變成一
大串了。

這時我們能考慮用 Python 的一個功能, 叫做 **f-string 格式化字串**：

IN

```
year = 2077
month = 10
day = 23

date_str = f'{year}-{month}-{day}'
print(date_str)
```

會把變數值自動放
到對應的 {} 位置

OUT

```
2077-10-23
```

注意到 date_str 這行變得很短嗎？但是後面的字串寫法也跟平常有點不一樣。

當你在字串的第一個單引號或雙引號前面加上一個 f, 這個字串就會變成 f-string：

語法

變數名稱 1 = 值
變數名稱 2 = 值
變數名稱 3 = 值
...

f'{變數名稱 1} {變數名稱 2} {變數名稱 3}...'

在 f-string 中, 若用大括號括住變數名稱, f-string 就會自動把該變數的值放進字串中, 而且還不用自己轉換資料型別！至於大括號之外的地方, 你想放什麼都可以, 這些都會成為結果字串的一部分。

有了 f-string, 你便能輕鬆格式化字串, 用想要的方式輸出它們。很方便對吧！

5-4 字串走訪、擷取及與串列的互轉

字串元素的存取與走訪

前一小節我們看到字串的 find() 方法會傳回索引值, 但為什麼字串也有索引呢？

其實, 字串是由一個個字元組成的, 所以你可以把字串看成是一種容器。字串的某些特性跟串列很像, 而且一樣可用索引來取出字串內的特定字元：

IN

```
poem = '穩眠夜深處，單床寒衣裳。終不知君名，生還望月悵。'

print(poem[0])  ← 字串索引也是用中括號[]來表示
print(poem[6])
print(poem[12])
print(poem[18])
```

OUT

```
穩
單
終
生
```

你也可以用 for 迴圈走訪字串裡的每個字：

IN

```
lyrics = 'YMCA'

for t in lyrics:
    print(t)
```

OUT

```
Y
M
C
A
```

下面是另一個走訪方法, 用字串長度和索引來取出字元:

IN

```
text = 'Cyberpunk'

for i in range(len(text)):
    print(text[i])
```

OUT

```
C
y
b
e
r
p
u
n
k
```

字串切片

如果你想從字串中擷取出其中一段, 做法和第 3 章的串列切片一樣:

IN

```
text = 'I took an arrow in the knee...'

print(text[10:15])  ←── 字串索引也適用切片方式
```

OUT

```
arrow
```

字串 (string) 的索引格式和串列 (list) 一樣, 都適用切片格式:

語法

字串[起始索引:起始索引+擷取長度]

以上面的範例來說, text[10:10+5] (即 text[10:15]) 會取出索引 10 到索引 14 的 5 個字 (『arrow』)。

字串轉串列 — list() 與 split()

第 4 章講到 for 迴圈時, 我們曾提過 range() 傳回的物件可以用 list() 函式變成串列。其實 **list()** 也可以將其他資料 (比如字串或容器) 轉換成串列。

如果你用 list() 來轉換字串, 會有什麼結果?

IN
```
text = 'Live long and prosper'

print(list(text))
```

OUT
```
['L', 'i', 'v', 'e', ' ', 'l', 'o', 'n', 'g', ' ', 'a', 'n',
'd', ' ', 'p', 'r', 'o', 's', 'p', 'e', 'r']
```

哇塞!字串的每個字元 (包括空格) 都被拆開, 變成串列的個別元素了。但能不能只要拆開每個字就好呢?

IN
```
print(text.split(' '))
```

凡是用空格分隔的字就拆開成串列的一個元素

OUT
```
['Live', 'long', 'and', 'prosper']
```

字串.split() 能依據某個分隔字元拆開字串, 把拆開的字變成串列。上面的範例用空格當分隔字元, 於是結果就變得更漂亮囉!

有時你取得的資料可能是用其他分隔字元連在一起的, 比如 CSV 報表 (我們在本書後半還會看到) 就是純文字檔, 各欄位是以逗號分開。這時只要改變 split() 內的分隔字元即可:

IN
```
data = 'Kirk,Spock,McCoy,Scott,Uhura,Sulu,Chekov'

print(data.split(','))
```
◀ 凡是用 ',' 逗號分隔的字就拆開成串列的一個元素

OUT
```
['Kirk', 'Spock', 'McCoy', 'Scott', 'Uhura', 'Sulu', 'Chekov']
```

▌串列轉字串:join()

反過來說, 想把串列『轉成』字串 (把所有元素連接成一串字串) 也是做得到的:

IN
```
planets = ['水星', '金星', '地球', '火星', '木星', '土星', '天王星',
'海王星']
sep = '-<>-'
```
◀ 用這個做分隔符號

```
print(sep.join(planets))
```
◀ 以分隔符號把串列元素連接起來

OUT
```
水星-<>-金星-<>-地球-<>-火星-<>-木星-<>-土星-<>-天王星-<>-海王星
```

重點整理

0. 內建函式 **int()** 能將資料轉成整數型別, **float()** 則能將資料轉成浮點數型別。若要將字串轉為數值, 字串內必須全為數值字元。

1. **round()** 能給數值四捨五入, **abs()** 則可取得數值的絕對值。若需要進階的數學計算功能, 可使用 Python 的 **math** 模組。

2. Python 的 **statistics** 模組包含了一系列針對容器元素的統計功能：**mean()**（平均數）, **median()**（中位數）, **variance()**（變異數）, **stdev()**（標準差）以及 **mode()**（眾數）。

3. **str()** 能將其他資料轉成字串型別。此外, 字串能和串列一樣使用 **len()** 計算長度。

4. 字串物件本身也提供一些字串相關函式, 包括：**isnumeric()**（檢查內容是否為數值字元）, **find()**（尋找字串）, **upper()**（字串轉大寫）, **lower()**（字串轉小寫）, **replace()**（取代字串）。

5. **f-string 格式化字串**可讓你以更美觀的方式整理和輸出字串。

6. 字串能用 **list()** 或 **split()** 轉成串列；反之, 串列能用 **join()** 將元素結合成字串。

自訂函式 Function

在前面的章節中, 我們經常使用 Python 的內建函式, 比如 print()、len()、range()... 這些函式都能讓我們很方便的以一行敘述做到某種功能。

但你有沒有想過, 這些函式 (function) 本身又是怎麼來的？如果想自己寫函式, 又該怎麼做？

6-0 用 def 自訂函式

為什麼你會需要寫自己的函式呢？因為函式可以將一些常用的程式碼『包裝』起來, 這樣你或其他人只要呼叫函式名稱, 就能重複使用這些程式碼而不需要再重寫了, 讓程式更加乾淨漂亮, 也更容易維護。

▌定義函式

現在, 我們來看函式的語法:

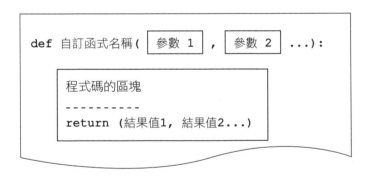

def 關鍵字是用來定義 (define) 函式。函式名稱結尾得加小括號, 且它的結尾必須有冒號, 好告知 Python 直譯器底下向右縮排的程式碼區塊都屬於這函式。函式的參數和傳回值都是可有可無, 視你的需求而定。

下面這個函式沒有參數也沒有傳回值, 但會用 f-string 格式顯示目前的日期與時間 :

IN

```
import datetime

def printDate():
    dt = datetime.datetime.now()
    print(f'今天日期: {dt.year}/{dt.month}/{dt.day}')
    print(f'現在時間: {dt.hour}:{dt.minute}:{dt.second}')

printDate()
```

OUT

```
今天日期: 2020/7/7
現在時間: 11:28:35
```

Tip 雖然 Python 沒有規定其他程式碼在函式後面要空幾行, 但最好是能隔個一兩行, 好讓函式區塊跟其他程式碼能清楚地區分開來。

函式必須先定義才能被呼叫

如果你嘗試在定義函式**之前**就呼叫它, 會發生什麼事 ?

IN

```
my_function()

def my_function():
    print('我是一個可愛的小函式')
```

OUT

```
----------------------------------------------------------------
NameError                           Traceback (most recent call last)
<ipython-input-59-082b236b1932> in <module>
      1 import time
      2
----> 3 my_function()
      4
      5

NameError: name 'my_function' is not defined
```

名稱 my_function 未定義

> **Tip** │ 我們一般會把函式定義在程式的開頭, 在 import 與主程式之間。

6-1 能傳遞參數的函式

上個例子我們用函式包裝了一些功能, 但那函式每次只能做一樣的事, 不免有點死板。

▌給函式加入參數

我們可以在定義函式時給函式加入**參數 (parameter)**, 參數能讓主程式把資訊傳入函式內部。下面再複習一次語法:

語法

> **def 自訂函式名稱(參數 1, 參數 2...):**

下面的函式可以傳入西元年份來計算並印出民國年:

IN

```
def rocYear(year):    把參數 year 減去 1911 就是民國年
    print(f'民國 {year - 1911} 年')



rocYear(2020)
```

OUT

```
民國 109 年
```

6-2 呼叫函式常見的錯誤與解決方法

如果你的函式設有參數, 可是呼叫時忘了給參數值, 就會產生錯誤:

IN　　　　沒填參數 year

```
rocYear()
```

OUT

```
--------------------------------------------------------
TypeError                           Traceback (most recent
call last)
<ipython-input-2-985fc5bda3ba> in <module>
      3
      4
----> 5 rocYear()

TypeError: rocYear() missing 1 required positional argument: 'year'
```

呼叫函式rocYear() 時缺少一個必要參數 『year』

▌解決方法：給參數設預設值

你可以給參數一個『預設值』, 這麼一來就算沒有傳參數值給函式, 也能計算出結果:

IN　　　　給參數 year 設預設值 2020

```
def rocYear(year=2020):
    print(f'民國 {year - 1911} 年')



rocYear()
rocYear(2021)
```

OUT

民國 109 年
民國 110 年

無預設值和有預設值參數的定義與呼叫順序

函式如果有兩個或以上的參數, 定義時沒有預設值的參數一定得放前面, 有
預設值的參數放後面:

無預設值的參數　　*有預設值的參數*

IN

```
def greetingYear(name, year=2020):
    print(f'你好 {name}, 歡迎來到民國 {year - 1911} 年!')



greetingYear('JoJo')
greetingYear('JoJo', 2021)
```

OUT

你好 JoJo, 歡迎來到民國 109 年!
你好 JoJo, 歡迎來到民國 110 年!

如果定義時把無預設值的參數放在後面, 就會產生錯誤:

IN

```
def greetingYear(year=2020, name):
    print(f'歡迎來到民國 {year - 1911} 年, {name}!')



greetingYear(2021, 'JoJo')
```

```
File "<ipython-input-4-2ae318da4895>", line 1
    def greetingYear(year=2020, name):
                  ^
SyntaxError: non-default argument follows default argument
```

無預設值參數不能放在有預設值參數後面

就算你函式定義正確, 但呼叫時弄錯參數順序, 也可能會產生錯誤:

IN

```
def greetingYear(name, year=2020):
    print(f'你好 {name}, 歡迎來到民國 {year - 1911} 年!')



greetingYear(2021, 'JoJo')
```

OUT

```
---------------------------------------------------------
TypeError                Traceback (most recent call last)
<ipython-input-6-104eb611cf71> in <module>
      3
      4
----> 5 greetingYear(2021, 'JoJo')

<ipython-input-6-104eb611cf71> in greetingYear(name, year)
      1 def greetingYear(name, year=2020):
----> 2     print(f'你好 {name}, 歡迎來到民國 {year - 1911} 年!')
      3
      4
      5 greetingYear(2021, 'JoJo')

TypeError: unsupported operand type(s) for -: 'str' and 'int'
```

字串 'JoJo' 被傳給參數 year, 試圖減去 1911 時就出錯

就算沒有引發錯誤, 參數也會因而收到錯的值, 到頭來還是變成一個 bug 了。

解決方式：給全部參數加上預設值

只要給所有參數加上預設值, 你就藉由**指名參數**的方式, 用任意順序來傳值給參數：

IN

```
def greetingYear(name='JoJo', year=2020):
    print(f'你好 {name}, 歡迎來到民國 {year - 1911} 年!')


greetingYear()
greetingYear(name='Yorki', year=2021)
greetingYear(year=2022, name='Elsa')
```

OUT

```
你好 JoJo, 歡迎來到民國 109 年!
你好 Yorki, 歡迎來到民國 110 年!
你好 Elsa, 歡迎來到民國 111 年!
```

6-3 有傳回值的函式

本章到目前為止, 我們寫的函式都會自行印出資料。但有時我們希望函式除了處理資料外、還能把結果**傳回**給主程式。

仔細想想, Python 的很多內建函式確實也會傳回結果給我們對吧？

▍傳回值給外界

想讓函式傳回一個值, 只要使用 return 敘述就行了。下面是個簡單範例, 函式會計算兩個值相除的餘數, 並回傳給呼叫者：

IN

```
def rem(x, y):
    return a % b

r = rem(100, 13)
```

OUT

```
9
```

Tip │ 由於 x％y 本身就能求出餘數, 你也可以省略變數 rd, 直接寫成 **return x％y (直接回傳運算式的結果)**。

在下面的範例裡, 函式會修改傳入的文字參數並傳回之：

IN

把字串轉大寫

```
def yell(text):
    return text.upper().replace(' ', '. ') + ' !!!'
```

把空隔換成句點

加上驚嘆號

```
print(yell('This is Sparta'))
```

OUT

```
THIS. IS. SPARTA !!!
```

有需要的話, 你甚至能一次傳回不只一個值：

IN

```
def divide(x, y):
    q = x // y
    r = x % y
    return q, r      ← 同時傳回 x 除 y 的商數與餘數


qn, rn = divide(20, 6)    ← 用兩個變數接收回傳值
print('商數:', qn, '餘數:', rn)
```

OUT

```
商數: 3 餘數: 2
```

在函式使用多個 return

我們也能用超過一個 return 敘述來控制函式『在不同時候回傳不同結果』。

來看以下例子，這個函式會在做除法前先檢查是否為除以 0：

IN

```
def divide(a, b):
    if b == 0:
        return 0    ←——— 試圖除以 0 時就直接傳回 0
    else:
        return a / b  ←——— 否則傳回 a 除以 b


print(divide(10, 0))
```

OUT

```
0
```

上面的函式雖然有兩個 return 敘述，實際上只會依據條件執行其中一個。

Tip	函式如果沒寫 return 呢？那麼也沒關係，函式會在執行完所有程式後自動結束，返回主程式。

6-4 函式內外變數的差異：區域變數 vs. 全域變數

在了解的函式的基本運用後, 接下來我們討論一個更深入一點的重要概念。

▌在函式內修改變數值的奇特現象

假設, 現在你在寫一支程式處理手搖飲的甜度與冰度資料, 這分別儲存在外部變數 sugar 與 ice 內。出於方便起見, 你也寫了一支函式, 能將這些資料印出來：

IN

```
sugar = 0.5
ice = 0.3

def drinkInfo():
    print('甜度:', sugar)
    print('冰度:', ice)

drinkInfo()
```

OUT

```
甜度: 0.5
冰度: 0.3
```
半糖少冰

現在, 當你低頭看著肚子、心想應該實施減糖新生活了, 便加入第二支函式, 好把手搖飲的甜度強制改為微糖 (3 分糖)：

IN

```
def changeSugar():
    sugar = 0.3          ← 將 sugar 的值改為 0.3

changeSugar()
drinkInfo()              ← 再次印出手搖飲資訊
```

OUT

```
甜度: 0.5
冰度: 0.3
```

為什麼沒有改變呢？

區域變數與全域變數

其實, 會發生前面這種狀況, 是因為函式內的 sugar 是個**區域變數 (local variable)**, 但函式外的 sugar 是**全域變數 (global variable)**。雖然它們的名字一樣但卻是不同的變數。聽來有點複雜, 但看完下面的說明各位就會了解。

當你在函式中使用指派算符 (=) 指派值給一個變數名稱時, 這樣**一定**會在函式中建立一個新變數, 而且從函式外頭看不到：

IN

```
def test():
    x = 10
    print('函式內印出 x:', x)

test()
print('函式外印出 x:', x)
```

OUT

```
函式內印出 x: 10    函式內的 x 變數值印出來了
-------------------------------------------------------------
NameError                                   Traceback (most recent
call last)
<ipython-input-38-ca28d90e0f8e> in <module>
      4
      5 test()
----> 6 print('函式外印出 x:', x)

NameError: name 'x' is not defined ◄──
```

函式外印值時產生錯誤 (這顯示 x 未定義)

由於函式內建立的 x 只存在於函式的區域內, 因此它是個『區域變數』：

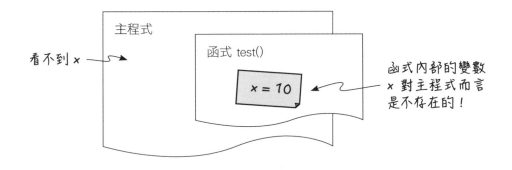

看不到 x

主程式

函式 test()

x = 10

函式內部的變數 x 對主程式而言是不存在的!

好, 要是我們在函式外面也建立一個變數 x, 會發生什麼事？

IN

```
x = 5

def test():
    x = 10
    print('函式內印出 x:', x)

test()
print('函式外印出 x:', x)
```

函式內印出 x: 10
函式外印出 x: 5

注意到了嗎, 印出的 x 值不同, 這說明了函式內外的 x 其實是兩個不同的變數!

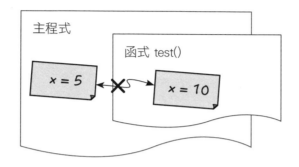

最後我們來將函式內的 x = 10 這行拿掉:

IN

```
x = 5

def test():
    print('函式內印出 x:', x)

test()
print('函式外印出 x:', x)
```

OUT

函式內印出 x: 5
函式外印出 x: 5

這下函式內印出的 x, 就是直接取自函式外頭的變數了。

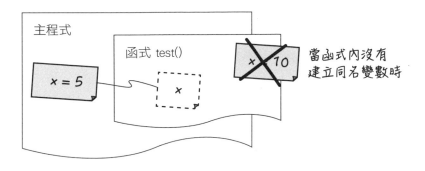

當函式內沒有建立同名變數時，在函式之外的變數可以被任何函式的程式碼讀取，所以這類變數就是『全域變數』。如果函式內有建立自己的同名變數，則函式會改用自己的變數。這時函式內外的變數雖同名，卻是完全獨立的兩個變數。

在函式中修改全域變數

但要是你真的需要在函式內修改全域變數，又想避免建立出同名的區域變數，該怎麼辦呢？答案是用 **global** 關鍵字將變數名稱標示為全域變數：

IN

```
x = 5

def test():
    global x  ← 將 x 標為全域變數
    x = 10  ← 修改全域變數
    print('函式內印出 x:', x)

test()
print('函式外印出 x:', x)
```

OUT

```
函式內印出 x: 10  ← x 從 5 改成 10 了，標為全域變數
函式外印出 x: 10
```

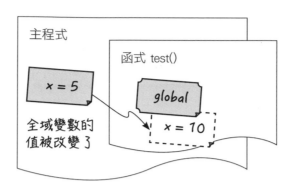

這下在函式內修改的 x, 就是來自外頭的全域變數 x。我們可以看到, 函式外的 x 的值也確實產生了改變。

現在回來看前面的手搖飲減糖範例, 這回我們只要在函式中加入 global 關鍵字, 就能克服無法減糖的難關囉:

IN

```
def changeSugar():
    global sugar
    sugar = 0.1

changeSugar()
drinkInfo()
```

OUT

```
甜度: 0.1 ← 順利更改全域變數
冰度: 0.3
```

當然, 在函式中建立區域變數時, 最好還是取個不會跟全域變數重複的名字, 以免造成混淆, 也會造成除錯困難。

為什麼你應該避免在函式中修改全域變數

Python 正是為了避免使用者在函式內定義變數時, 意外波及到外部同名變數, 才會有這種『井水不犯河水』的設計。如果想使用外部變數, 你就得明確使用 global 關鍵字。

當然, 你應該盡量避免在函式裡透過 global 關鍵字來修改全域變數。若程式中存取該變數的函式很多, 變數值就很容易在你不自知的情況下改變, 不僅可能引發 bug, 也會令除錯更加困難 (你得花很多時間追蹤變數到底是在哪個地方、在什麼時候被修改了)。

更良好的程式習慣是透過參數把資料傳給函式, 讓函式在內部自行處理。如果真的非不得已, 得使用 global 來存取全域變數, 那麼你應該確保一次只有一個函式會存取它, 並了解變數被函式處理過後會變成怎樣。

結語：在 Python 之路繼續邁進

恭喜你！從第 1 章到第 6 章, 你已經學到了撰寫 Python 程式所需的入門知識。

下面我們來分享一些寫 Python 程式時的風格小技巧, 希望能幫助你寫出更漂亮好懂的 Python 程式。畢竟, 當你的程式碼整理得井然有序、有如寫得工整清爽的上課筆記時, 其他人 (或幾個月後的你) 讀了都會很開心, 對吧？

下面的技巧儘管簡單, 卻是得由各位花時間養成的好習慣：

1. 不同目的的程式, 請放在新的程式輸入格中。至於在同一格中, 不同功能的程式碼前後也可多空一兩行, 不須擠在一起。

2. 讓值和算符之間用空格隔開, 而串列、字典元素之間的逗號或冒號 (如 [1, 2, 3] 和 {'a': 1, 'b': 2}), 則請在逗號或冒號之後加入空格。

3. 變數和函式請使用好懂、不易混淆的名稱, 讓其用途一目了然。

4. 善用 Jupyter Notebook 的文字筆記功能 (見本書 Bonus 網站資料), 對你的
   程式加入說明、甚至簡單的教學。當你要分享程式給別人看、或是將來自
   己重看時, 就能更快理解程式在做什麼。

你也可以用井字號 (#) 在程式本身加入註解:

IN

```
x = 8
y = 9

# 加法函式
def add(a, b):
    return a + b # 傳回 a + b 的值

print(add(x, y)) # 印出結果
```

獨立一行的註解通常是用來
說明以下區塊程式碼的用途

一行敘述之後的註
解通常是用來說明
該行程式碼的運作

在 Python 程式中, # 後面的所有文字都會被當成註解文字。你
可以用這個方法來解釋程式的一些小細節。

正如任何真實世界的語言, Python 還有很多功能與特色等著你去探索。此外,
學習程式語言最好的辦法就是多寫、多練習, 從實際操作中熟悉程式的運作
方式和執行結果。

當然, 你這時或許會問:那學 Python 到底有什麼用呢?它能怎麼幫助我, 對
我將來就業又有何助益?

這正是本書 7 至 12 章將要介紹的部分——用 Python 做簡單但無比實用的
資料科學分析。當然, Python 能應用的領域廣泛到令人吃驚, 不過各位將在
後半本書看到, 使用 Python 分析資料並產生圖表, 居然是如此簡單。而你在
後半部所需的程式技巧, 你在前六章就已經學會了。

重點整理

0. 自訂**函式 (function)** 可以用來包裝會重複用到的程式碼, 呼叫起來更方便。但請記得, 函式必須先宣告才能被呼叫。

1. 函式可以藉由參數接收資料, 並用 **return 敘述**回傳值給呼叫者。函式也可以依據條件用多個 return 傳回不同的值。

2. 在函式內用 = 指派值的變數會變成**區域變數 (local variable)**；若函式外有同名的**全域變數 (global variable)**, 兩者並不會相互影響。

3. 若要在函式中修改全域變數, 必須先用 **global** 關鍵字標示該變數。

4. 養成給程式碼加入適當空格、換行與說明、註解的好習慣, 能讓程式碼顯得更漂亮易讀。

MEMO

數值資料分析與其視覺化：
使用 NumPy 及 matplotlib

7-0 認識 NumPy 與 matplotlib

若要學習 Python 資料科學套件, 我們就不能不從兩個套件說起：為處理數據而生的 **NumPy,** 以及經常搭配它的資料視覺化套件 **matplotlib**。

有許多 Python 資料科學套件會以這兩者延伸, 因此你或許可說 NumPy 和 matplotlib 就像是 Python 資料科學套件的地基。

NumPy 和 matplotlib 並非 Python 的標準內建套件, 還好 Anaconda 已經幫我們都裝好了, 在 Jupyter Notebook 編輯器已經可以直 import 囉！下面我們來看一個使用這兩個套件的快速範例：

IN

```
import numpy as np
import matplotlib.pyplot as plt

stock = np.array([271.5, 275.5, 283, 285, 283,
                  279.5, 278.5, 285, 287.5, 286.5,
                  306.5, 304, 295, 294, 295.5,
                  294, 298, 296.5, 299, 304.5])

plt.plot(stock)
plt.show()
```

台積電在 2020 年 4 月間
所有交易日的收盤股價

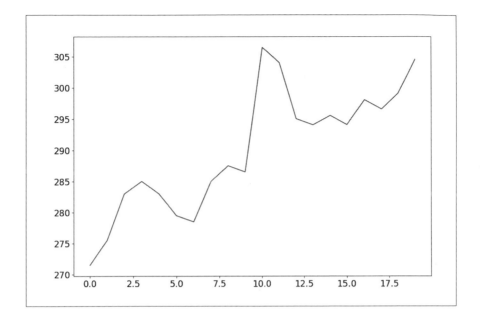

上面的範例總共就只有 5 行程式敘述, 就能畫出一張圖表, 是不是很方便呢？

當然你會指出, 前頁程式中的 stock 陣列有點長, 手動 key-in 有點辛苦。不過, 這些資料其實也是能直接從網路上的報表或資料集 (dataset) 抓取和複製貼上的。

Tip 有許多網站可查詢上市公司的歷史股價, 例如『鉅亨網』：
https://invest.cnyes.com/twstock/TWS/2330/history (在頁面最底下的『歷史價格』選擇時間區間, 然後點右邊的『下載』)

7-1 NumPy 的基礎：ndarray 陣列

在 NumPy 套件中, 處理資料的基礎就在 **ndarray** (n-dimensional array) 這玩意兒上。

> **Tip**
>
> ndarray 是 Numpy 專門設計來快速運算用的容器, 在某些較複雜的數學運算下速度會比 Python 的 list 更快, 而且比 list 提供了更多功能。因此在資料科學套件中, 經常都會使用 ndarray 來儲存資料。

▋建立 ndarray

ndarray 看起來非常像 Python 串列, 你甚至可以直接用串列來建立它：

IN

```
import numpy as np  ←── 匯入 numpy 套件並取個簡短的別名 np

data = np.array([100, 200, 300, 400, 500])
```

└── 用 NumPy 的 array() 函式建立 ndarray

記得匯入套件

在後面的篇幅中, 我們可能會省略『import numpy as np』跟類似的套件匯入指令。畢竟套件只要匯入一次, 就能一直使用下去。

不過, 若你重開 Jupyter Notebook 編輯器, 就得記得要重新執行這段程式碼, 否則 Python 會告訴你 np 是未定義名稱 (name 'np' is not defined) 哦！

執行以上程式後, 我們可以來檢視看看 data 的內容：

IN

```
data
```

OUT

```
array([100, 200, 300, 400, 500])
```

你也可以像串列一樣, 以索引取得某個元素的值或更改它：

IN

```
print(data)
print(data[2])

data[2] = 0
print(data)
```

OUT

```
[100 200 300 400 500]
300
[100 200   0 400 500]
```

ndarray vs. 串列

注意! 用 print() 印出 ndarray 時, 元素之間沒有逗號。反之 Python 串列就有：

IN

```
data1 = [100, 200, 300,
400, 500]
print(data1)
print(data)
```

OUT

```
[100, 200, 300, 400, 500]
```
← 這是 list, 有逗號
```
[100   200   300   400   500]
```
← 這是 ndarray, 沒逗號

其他建立 ndarray 的辦法

除了用串列來建立以外, ndarray 還有很多種建立方式:

IN

```
sequence = np.arange(10)  ← 注意拼字是 arange (a-range)
print(sequence)              而不是 range 或 arrange
```

OUT

```
[0 1 2 3 4 5 6 7 8 9]
```

記得第 4 章講迴圈時, 曾提到 Python 函式 range(N) 能產生 0 到 N - 1 的數列吧? NumPy 的 arange() 函式效果很類似, 只是它會直接產生一個 ndarray 陣列罷了。

還有一種方法是建立一個全部是隨機數的 ndarray, 你能指定隨機數的範圍跟數量, 這很適合用來產生模擬測試資料:

IN

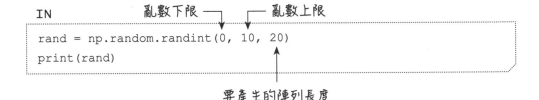

```
           亂數下限         亂數上限
rand = np.random.randint(0, 10, 20)
print(rand)
                      要產生的陣列長度
```

OUT

```
[2 4 5 7 6 2 3 5 9 7 7 2 2 6 3 4 5 6 2 5]  ←
                          產生 20 個數字, 全是介於
                          0 到 9 (不包括 10) 的亂數
```

7-2 ndarray 陣列的運算及統計

▌ndarray 可直接對所有元素做運算

到了這裡, 你也許會問：NumPy 的 ndarray 和 Python 串列到底有何不同？事實上, ndarray 有個最驚人的特色, 就是可以直接對所有元素做運算。

此話怎麼說？來看以下範例：

IN

```
data = np.array([1, 2, 3, 4, 5])

data = data + 1
print(data)

data = data * 2
print(data)
```

OUT

```
[2 3 4 5 6]
[ 4  6  8 10 12]
```
} 對 ndarray 做運算後, 所有元素都會被運算

如果你嘗試對 Python 串列做一樣的事, 若不是發生錯誤, 就是會得到奇怪的結果：

IN

```
data = [1, 2, 3, 4, 5]  ← 這是一個串列

data = data + 1
```

OUT

```
------------------------------------------------------------------
TypeError                            Traceback (most recent call last)
<ipython-input-27-a83df9558c05> in <module>
     1 data = [1, 2, 3, 4, 5]
     2
----> 3 data = data + 1
     4 print(data)


TypeError: can only concatenate list (not "int") to list
```

串列不能跟整數用 + 算符相連

IN

```
data = [1, 2, 3, 4, 5]


data = data * 2
print(data)
```

OUT

```
[1, 2, 3, 4, 5, 1, 2, 3, 4, 5]
```

乘法使串列多重複了一次,
和 ndarray 的乘法完全不同

取得 ndarray 的統計量數

在第 3 章曾提過, Python 有些內建函式能取得串列所有元素的最小值、最大值、總和跟元素數量。ndarray 本身就內建了這些函式:

IN

延用之前台積電股價的 stock 陣列

```
print(stock.size)     ←────── 陣列長度 (size 是元素數量屬
print(stock.sum())   ←── 元素總和     性, 不是函式所以沒有小括號)
print(stock.min())   ←── 最小元素
print(stock.max())   ←── 最大元素
print(stock.ptp())   ←── 全距 (point to point, 最大和最小元素的差距)
```

OUT
```
20
5802.0
271.5
306.5
35.0
```

平均數、變異數與標準差

此外, ndarray 也能快速算出陣列元素的一些統計學量數：

IN
```
print(stock.mean())  ← 平均數
print(stock.var())   ← 變異數
print(stock.std())   ← 標準差
```

OUT
```
290.1
95.71499999999999
9.783404315472197
```

中位數、四分位數和 K 百分位數

NumPy 套件另外還提供中位數和 percentile 函式, 可以算出中位數和百分位數：

IN
```
print(np.median(stock))       ← 中位數
print(np.percentile(stock, 25))  ← 第 25 百分位數 (第 1 四分位數)
print(np.percentile(stock, 50))  ← 第 50 百分位數 (第 2 四分位數)
print(np.percentile(stock, 75))  ← 第 75 百分位數 (第 3 四分位數)
```

OUT
```
290.75
283.0
290.75
296.875
```

第 25、50 與 75 百分位數又稱為**第 1、2、3 四分位數 (quartile)**（有發現嗎？第 2 四分位數其實就是中位數）。第 3 與第 1 四分位數的差距則稱為**四分位距 (interquartile-range)**：

IN

```
print(np.percentile(stock, 75) - np.percentile(stock, 25))
```

OUT

```
13.875
```

四分位距代表資料中央 50% 的成員的分布,因此更能反映資料中央部分的分布狀況,更不易受兩端極端值的影響。在本章稍後,我們就會看到中位數與四分位數畫成圖表會是什麼樣子。

7-3 將 ndarray 畫成折線圖：使用 matplotlib

▌繪製圖表

在看過 NumPy 與 ndarray 提供的一系列數值運算功能後, 現在我們要來看看如何將資料視覺化。下面先來看個簡單例子：

IN

```
import numpy as np
import matplotlib.pyplot as plt   ← 匯入 matplotlib.pyplot
                                     套件並取別名為 plt

data = np.array([100, 220, 300, 340, 500])

plt.plot(data)   ← 將資料繪成折線圖
plt.show()       ← 顯示圖表
```

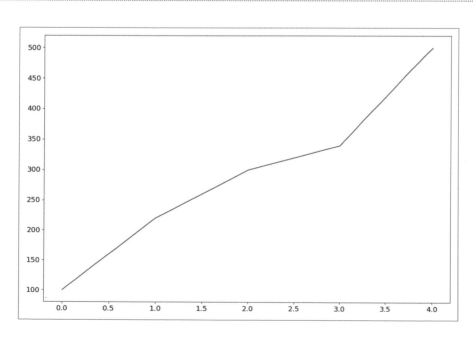

很簡單吧？只要把陣列填入 plt.plot() 函式, 再呼叫 plt.show() 就會顯示出圖表了。data 的元素會對應到圖表的 Y 軸, X 軸則是元素索引。

Tip | 在 Jupyter Notebook 編輯器裡, 你甚至可以省略 plt.show() 這行, 它會自動替你執行之。當然, 其他編輯器就不會這樣做, 所以最好還是養成習慣, 寫好寫滿。

現在回頭來看本章一開頭的範例再熟練一次繪圖的動作：

IN

```
stock = np.array([271.5, 275.5, 283, 285, 283,
                  279.5, 278.5, 285, 287.5, 286.5,
                  306.5, 304, 295, 294, 295.5,
                  294, 298, 296.5, 299, 304.5])
plt.plot(stock)
plt.show()
```

在同一個notebook 畫面中的話,
你可以直接沿用, 不用再 key

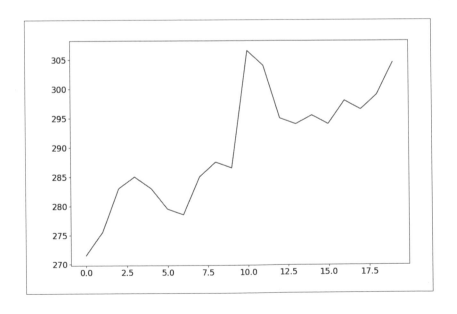

▌繪製兩條以上的折線圖

你甚至可以在同一張圖表畫出兩條以上的折線。下面我們加入第二筆資料——台積電在同年 3 月的股票收盤價：

IN

```
stock = np.array([271.5, 275.5, 283, 285, 283,
                  279.5, 278.5, 285, 287.5, 286.5,
                  306.5, 304, 295, 294, 295.5,
                  294, 298, 296.5, 299, 304.5])

stock2 = np.array([311.0, 317.5, 320.5, 323.0, 315.0,
                   305.5, 307.0, 302.0, 294.0, 290.0,
                   276.5, 268.0, 260.0, 248.0, 270.0,
                   255.0, 267.5, 277.0, 280.0, 273.0,
                   267.5, 274.0])

plt.plot(stock)
plt.plot(stock2)
plt.show()
```

新加入這個陣列

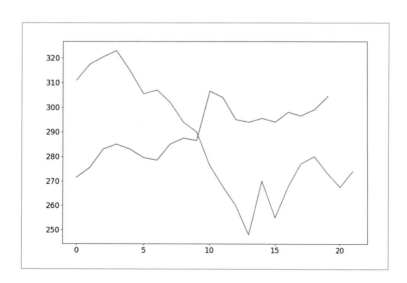

matplotlib 預設第一條線會是藍色, 第二條線則是橘色。下一章我們會講到如何自訂線條色彩。

將資料畫成並列的分離圖表

如果你不想將各資料畫在同一張圖表上, 而是讓它們『各自表述』, 該怎麼做?

IN

```
plt.subplot(2, 1, 1)    ← 先指定設定位置的子圖表
plt.plot(stock)         ← 再於該子圖表中繪圖
plt.subplot(2, 1, 2)
plt.plot(stock2)
plt.show()
```

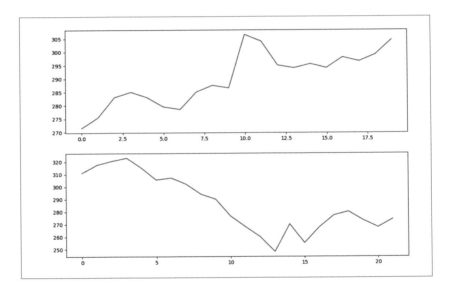

plt.subplot() 函式的用途是用來『劃分』子圖表。裡面的數字代表子圖表要擺的位置:

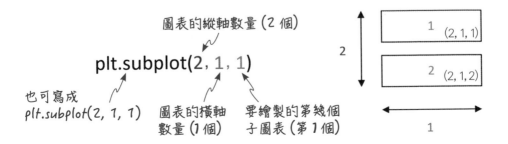

下面我們再舉個例子，這應該能讓你更好理解 subplot() 的『座標』怎麼寫：

IN
```
plt.subplot(2, 2, 1)
plt.plot([1, 2, 3, 4, 5])

plt.subplot(2, 2, 2)
plt.plot([5, 4, 3, 2, 1])

plt.subplot(2, 2, 3)
plt.plot([1, 2, 4, 7, 11])

plt.show()
```

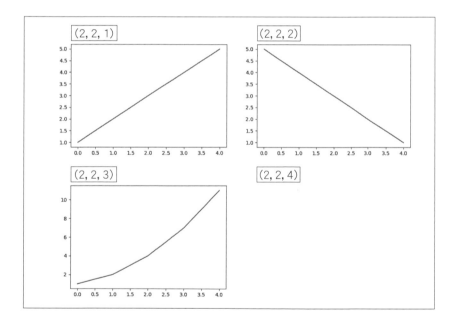

注意到上圖中我們並沒有指定第四張圖 (2, 2, 4) 要畫什麼，所以那塊就會空著啦。

matplotlib 的折線圖，還有很多可以調整樣式的功能，下一章我們會進一步介紹其中最常用的樣式設定。

7-4 直方圖與箱型圖：比較資料的偏度及離散程度

在 7-3 節中, 你學到如何用 NumPy 及 ndarray 的一系列功能來快速求出各種統計量數, 當中有些能用來判斷資料的**偏度** (skewness, 是否有較多資料集中 (偏) 在某一側) 及**離散程度** (measures of dispersion, 資料是否很分散)。

不過對各位來說, 數字仍是很抽象的, 你的老師或老闆也可能比你更不想看到一堆數字。在這種時候, 我們可以將資料的分布狀態視覺化, 讓所有人一看便能比較兩筆資料。

直方圖 (histogram)

我們先來看資料的**直方圖**長什麼樣：

IN
```
plt.hist(stock)
plt.show()
```

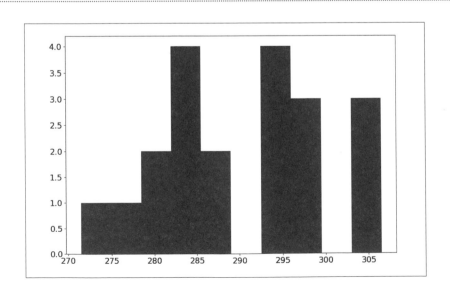

plt.hist() 可以繪製直方圖 (histogram)：簡單地說, 直方圖顯示的是**資料在哪個範圍出現幾次**, 藉此反映資料的分布狀況。以上圖來說, 台積電 2020 年 4 月的股價各有四筆落在 285 和 295 元左右。

如果你想比較兩筆資料的直方圖, 可以用串列的形式把兩個陣列傳給 plt.hist() 函式：

IN

```
plt.hist([stock, stock2])
plt.show()
```
將兩筆資料陣列放在串列內

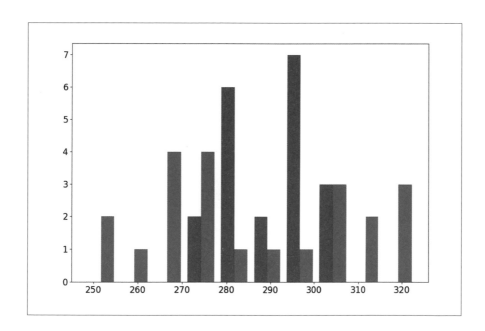

在上圖裡, 藍色是陣列 stock 的直方圖, 橘色則是 stock2 (2020 年 3 月股價) 的直方圖。這樣就很明顯能看出來, 3 月的股價分布範圍 (即股價變動範圍) 比 4 月更大。

你也許注意到, 上圖的 4 月股價變成只有 5 個長條, 跟 7-16 頁的 4 月股價直方圖長的不一樣, 為什麼會這樣呢? 這是因為直方圖預設會把資料分成 10 組, 但納入 3 月資料後資料的總範圍變大了, 所以 hist() 自動把資料分得更細, 長條變多了。

如果想自訂分組量 (長條數量), 可在 plt.hist() 加入參數 **bins**:

```
IN
plt.hist([stock, stock2], bins=20)
plt.show()
```
設為 20 個分組

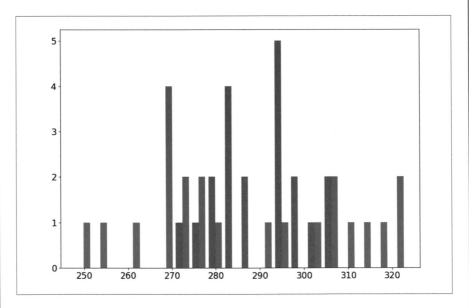

為何分成 20 組, 但藍色只有 9 條, 橘色則只有 15 條? 這是因為在某些資料區間沒有資料, 所以 hist() 以空白呈現之。

箱型圖 (box plot)

箱型圖也稱為盒鬚圖:

IN

```
plt.boxplot([stock, stock2])
plt.show()
```

同樣把多筆資料陣列放在串列內

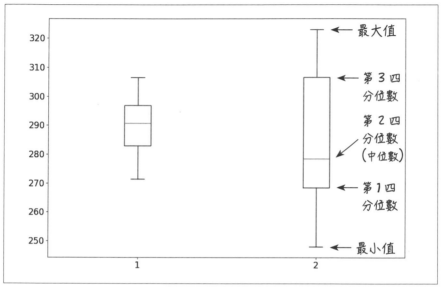

| Tip | 之所以稱為盒鬚圖, 是因為『盒子』上下延伸出去的線條貌似鬍鬚。|

你應該能看出來, 箱型圖其實就第 1、2、3 四分位數和 max、min 的視覺化結果。上圖很清楚告訴我們幾個現象：

❶ 3 月股價(右)的離散程度比 4 月(左)大。

❷ 3 月股價的偏度也比 4 月大；有較多資料分散在高於中位數的區域, 這稱為正偏態。

❸ 4 月股價則是有較多資料分散在小於中位數的區域, 這則稱為負偏態。

箱型圖處理極端值的方式

這裡我們要補充箱型圖的一個重要特性。假如我們故意在上面的 4 月股價資料中加入很小和很大的值,箱型圖會怎麼改變呢?

IN

```
stock = np.array([271.5, 275.5, 283, 285, 283,
                  279.5, 278.5, 285, 287.5, 286.5,
                  306.5, 304, 295, 294, 295.5,
                  294, 298, 296.5, 299, 304.5,
                  330, 250])

plt.boxplot(stock)
plt.show()
```

多加了兩個值, 極大值和極小值

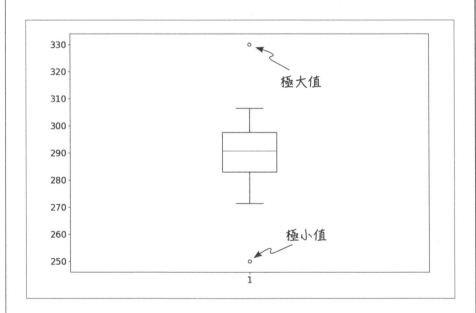

為什麼兩個新資料被畫在箱型圖的最大跟最小值之外 (變成兩個點), 而不是取代原本的最大/最小值?

這是因為**箱型圖會排除界限之外的值**。界限 (稱為 fence) 的計算方式如下：

- 上限：第 3 四分位數 ＋ 四分位距 × 1.5

- 下限：第 1 四分位數 － 四分位距 × 1.5

因此，當有資料超出這個範圍時，箱型圖就會忽略它、把它當成界外值 (outlier)。這麼一來，若有過大或過小 (有可能不正常) 的資料，就不太會影響到其他資料顯示的分布狀況了。

重點整理

0. **NumPy** 是處理數值用的套件，**matplotlib** 則是資料視覺化套件。這兩者構成了許多其他 Python 資料科學套件的基礎。

1. NumPy 使用稱為 **ndarray** 的陣列，這種容器物件比 Python 串列更強大，甚至可直接對所有元素做運算。

2. 你可使用 NumPy 的 **array()**, **arrange()** 與 **random.randint()** 來建立 ndarray。

3. ndarray 與 NumPy 提供了許多可對陣列元素做處理的函式，包括計算統計量數。

4. matplotlib 的 **plot()** 搭配 **show()** 可用來畫出折線圖，甚至可在同一張圖表畫出多條折線。若想分開成不同圖表，可用 subplot() 指定子圖表區域。

5. matplotlib 的**直方圖 (histogram)** 和**箱型圖 (box plot)** ── **hist()** 和 **boxplot()** ──能以視覺化方式呈現資料的離散及偏度。

M E M O

資料相關度與簡單線性迴歸分析

Data correlation coefficient and simple linear regression

上一章我們討論了如何用 NumPy 來快速算出數值資料的統計量數，並如何以 matplotlib 繪製成折線圖及長條圖。在該章的結尾，你甚至能比較兩筆資料的分布狀況、偏度及離散程度。

不過，資料之間的關係還不僅於此——有時候，看似不相關的資料，可能其實存在著某種關聯：

尿布與啤酒

有個在管理學很常提到的案例是：美國某賣場在分析過銷售資料後，發現很多顧客會在接近周末的傍晚同時購買尿布跟啤酒。為什麼呢？

經研究後發現，美國媽媽們會待在家帶小孩，因此會要爸爸們下班後幫忙採購小孩的尿布。而這些爸爸周末要看電視球賽，所以會順手帶點啤酒回家。

於是，賣場將這兩樣看似無關的商品陳列在同一處，成功提高了 30% 的銷售額。

當然，上面這例子其實是都會傳說，只是個被誇大的行銷故事罷了。不過這仍能讓你理解，若你能在資料之間找出一般人看不出的關聯，它們就有可能是潛在的商機，或是解決問題的契機。甚至，你還能借用這種關聯來預測新資料。

拜 NumPy 與 matplotlib 套件之賜，任何人都能輕鬆完成這種資料分析任務，並將資料的關聯視覺化。

8-0 相關係數 (correlation coefficient)：資料的相關程度

▌什麼是相關係數？

如果想判斷兩筆資料的關聯程度, 我們可以看它們的**相關係數** (correlation coefficient)。

相關係數是個介於 -1 到 1 的數字, 其絕對值越大, 就代表資料之間的關係越顯著。一般來說, 係數絕對值只要大於 0.6 或 0.7 左右, 就代表關聯性夠強了。

相關係數的正負值, 也能反映資料的相關方式：

● **正相關**代表一筆資料的值增加時, 另一筆也會隨之增加 (0 < 相關係數 <= 1)。

● **負相關**代表一筆資料的值增加時, 另一筆會隨之減少 (-1 <= 相關係數 < 0)。

● **無關**代表兩筆資料的增減方向沒有關聯 (相關係數為 0)。

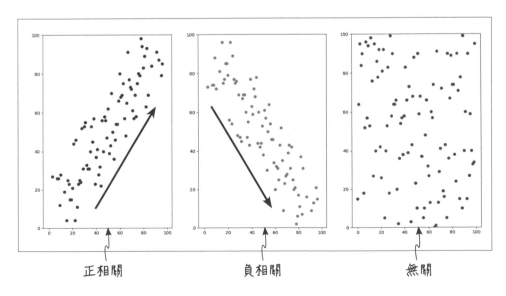

正相關　　　　　　負相關　　　　　　無關

計算相關係數與繪製散布圖 scatter plot

　　為了讓各位更能理解相關係數, 我們直接來看個實際例子。你甚至不用擔心要怎麼計算—— NumPy 會替我們代勞。

　　現在, 我們想探討 2020 年 4 月美元對台幣的匯率和黃金價格 (每盎司／美元) 之間是否有關係。下面我們先匯入相關程式套件, 準備好要分析的資料 (資料來源為台灣銀行), 順便先畫一張散布圖來看看 (scatter plot, 亦稱散點圖):

IN

```
import numpy as np
import matplotlib.pyplot as plt

usd = np.array([29.86, 29.78, 29.695, 29.715, 29.685,
                29.665, 29.67, 29.635, 29.625, 29.665,
                29.665, 29.635, 29.66, 29.655, 29.67,
                29.64, 29.61, 29.585, 29.51, 29.34])
    美元匯率

gold = np.array([1583.1, 1615, 1651.35, 1642.8, 1643.8,
                 1674.75, 1680.25, 1701.65, 1704.65, 1711.1,
                 1685.2, 1667.3, 1684, 1678.75, 1702.65,
                 1718.1, 1707.1, 1692.2, 1698.65, 1708.1])
    黃金價格

plt.scatter(usd, gold)    ← 繪製散布圖
plt.show()
```

> **Tip** | 各位可至本書官網下載範例程式, 就不用自己手動輸入囉!

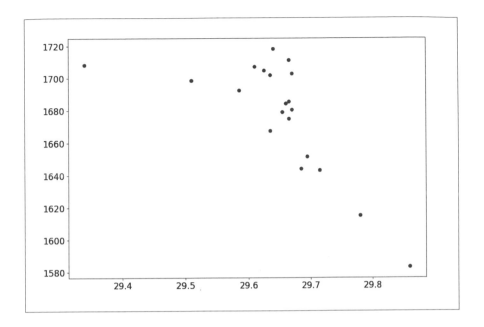

| Tip | 散布圖 (scatter plot) 就像是沒有把點和點連起來的折線圖, 因為只有一點一點的所以也稱散點圖。不過, scatter() 函式一定得傳入 X 和 Y 軸資料, 否則會產生錯誤。 |

看出來了嗎?資料之間似乎是負相關, 可是這種關係到底有多顯著呢?這就得看相關係數的大小了。

想知道相關係數也非常簡單, 用下面這行程式就行:

IN
```
print(np.corrcoef(usd, gold))
```

OUT
```
[[ 1.          -0.70533216]
 [-0.70533216  1.        ]]
```

傳入兩筆資料

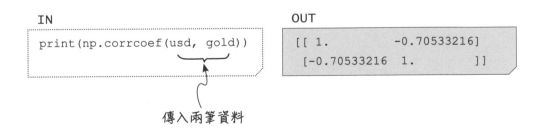

上面程式吐出 4 個數字，是代表什麼呢？這其實是所謂的**相關矩陣 (correlation matrix)**：

相關矩陣	美元匯率	黃金金價
美元匯率	1	-0.70533216
黃金金價	-0.70533216	1

如你所見，這是個 2 x 2 矩陣，每個數字是橫軸與縱軸資料的相關係數。美元和黃金對自己的相關係數當然是 1，但美元對黃金（或者黃金對美元）的相關係數約為 -0.71。

這表示 2020 年 4 月間的美元匯率和金價呈負相關，而且關聯性確實夠強。

為什麼資料之間會相關？

當然，我們已經曉得，2020 年春季新冠肺炎重創國際經濟、導致美元貶值，許多人便購買黃金來避險。這點就足以解釋，為何當時美元匯率的下跌會與金價的上揚有明顯關連。

當你在分析其他資料時，相關係數只能告訴你兩筆資料是否有關聯。至於**為何**有關？背後原因就有需要自己花工夫去探討了。

8-1 簡單線性迴歸 (linear regression)：預測資料的模型

從上一節得知, 2020 年 4 月間的美元和黃金價格不只有關係, 美元**更有可能是**影響金價的因素。換言之, 若能將美元跟金價的關係轉成換算公式, 我們就能用美元匯率來預測金價。

▌認識迴歸模型

迴歸 (regression) 是統計學名詞, 意指兩筆資料之間的關係。迴歸分析便是要找出這種關聯, 並且求出**迴歸模型**。

迴歸模型是一個函數或數學方程式, 用其中一筆資料當作輸入值, 藉此換算成另一個相關資料的值 (比如用餐廳的來客數預測營業額、以降雨量預測計程車乘車人次等等)。

最簡單的迴歸模型是**簡單線性迴歸 (simple linear regression)**：

$$Y = AX + B$$

在這方程式中, X 變數就是其中一筆資料, 它乘上係數 A 再加係數 B 後, 便會得到預測結果 Y (另一個資料的預測值)。

▌求出迴歸模型

現在, 我們就要用本章開頭的實際例子, 來求出 2020 年 4 月用美元匯率預測黃金價格的迴歸模型：

IN

```
import numpy as np
import matplotlib.pyplot as plt

usd = np.array([29.86, 29.78, 29.695, 29.715, 29.685,
                29.665, 29.67, 29.635, 29.625, 29.665,
                29.665, 29.635, 29.66, 29.655, 29.67,
                29.64, 29.61, 29.585, 29.51, 29.34])

gold = np.array([1583.1, 1615, 1651.35, 1642.8, 1643.8,
                1674.75, 1680.25, 1701.65, 1704.65, 1711.1,
                1685.2, 1667.3, 1684, 1678.75, 1702.65,
                1718.1, 1707.1, 1692.2, 1698.65, 1708.1])

print(np.polyfit(usd, gold, 1))
```

求迴歸模型

第三個參數設為 1 —— 這在本章後面會解釋

OUT

```
[-245.09343521 8944.11644051]
```

這數字有點長, 我們來把它們四捨五入到小數第 1 位:

IN

```
print(np.polyfit(usd, gold, 1).round(1))
```

四捨五入到小數第 1 位

OUT

```
[-245.1 8944.1]
```

Tip | np.polyfit() 傳回的結果是個 ndarray, 它擁有 round() 函式能做四捨五入, 效果與 Python 的內建函式 round() 相同。

這兩個數字是什麼意思？它們正是前面提到的方程式的 A 與 B 係數。把它們套進來就能得到迴歸模型的方程式：

$$Y = -245.1X + 8944.1$$

因此，先手算一下，假設美元匯率 X 為 29.75 元新台幣，我們可預測每盎司金價大概會是 Y = -245.1 * 29.75 + 8944.1 = 1652 美元。接下來我們會讓程式自動做計算。

Tip	當然，除非兩筆資料 100% 相關，迴歸模型的『預測』是不可能完全準確的；預測與實際值一定會有落差。但當資料之間的關聯性夠強時，預測值就具有參考性了。

▋ 在程式中用迴歸模型做預測

np.ployfit() 可以由一堆資料算出 Y = AX + B 的 [A, B] 值，已經省去我們很多工夫了，但 NumPy 的美妙之處還不只如此——你甚至不需自己寫出迴歸模型的方程式。你可在 Python 程式中直接印出模型，並把它當成一個函式，填入參數就能預測資料，非常方便：

IN

```
coef = np.polyfit(usd, gold, 1)  ←————— coef 就是剛才
reg_model = np.poly1d(coef)  ← 用係數陣列      [-245.1 8944.1]
                             建立模型物件       的係數陣列
          ↑
       這裡是數字 1

print(reg_model)  ← 印出模型
```

OUT

```
-245.1 x + 8944
```

np.ploy1d(coef) 會依照 coef 提供的係數建立線性 (一維, 即 1d) 模型 (其實所謂模型, 說穿了就是 reg-model = -245.1 * x + 8944.1 這個函數啦！)

上面得到的 reg_model 就是迴歸模型, 你可以直接拿來預測金價：

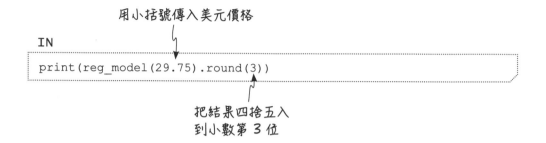

用小括號傳入美元價格

IN

```
print(reg_model(29.75).round(3))
```

把結果四捨五入
到小數第 3 位

OUT

```
1652.587
```

8-2 簡單線性迴歸的視覺化 (visualization) 及圖表調整

▋ 繪製簡單迴歸模型

前兩節我們用 NumPy 套件分析了兩筆資料的關係, 並算出它們的相關係數、外加能以美元匯率預測金價的迴歸模型。

然而, 正如之前提到的, 抽象的數字讓人看了昏昏欲睡、呵欠連連。要是能用視覺化的方式畫出模型, 應該更容易讓人看懂吧！

這時我們就要回頭使用上一章的 matplotlib 套件來完成這個任務：

IN
```
plt.scatter(usd, gold)  ←── 先畫出美元匯率與金價的散布圖
plt.plot(usd, reg_model(usd), color='red')  ←── 再畫上迴歸模型的線

plt.show()   Y 軸資料為預測金價   用 color 參數設定線條顏色為紅色
```

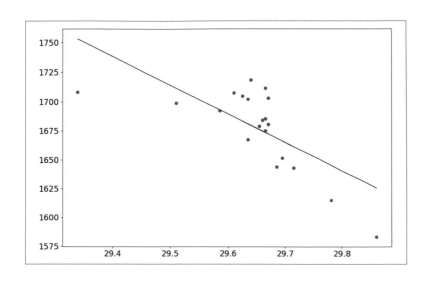

這條直線就是我們的線性迴歸模型。我們在 plt.plot() 傳入的 Y 軸資料為 reg_model(usd), 這其實就是**模型以美元資料預測出的金價**：

IN

```
print(reg_model(usd).round(3))  ← 為了閱讀方便起見, 做四捨五入
```

OUT

```
[1625.626 1645.234 1666.067 1661.165 1668.518 1673.42  1672.194 1680.772
 1683.223 1673.42   1673.42   1680.772 1674.645 1675.871 1672.194 1679.547
 1686.9    1693.027 1711.409 1753.075]
```

若把所有的預測金價和其對應的美元匯率關係畫在圖上, 這些點會剛好呈一直線。所以, 畫出來當然就是『線性』的了！

所以迴歸模型是如何決定的？

說到這裡, NumPy 到底是怎麼算出迴歸模型係數的呢？它怎麼知道這條線該穿過何處, 才能有最佳的預測能力？

基本上 NumPy 會試圖找出一條線, 所有資料點跟這條線 (預測值) 的差距總和會最小。於是, 這條線就會剛好穿過大部分的資料點之間了。其背後的原理, 可參考旗標出版的『機器學習的數學基礎』和『NumPy 徹底解說』等書。

▌放大圖形

如果你想改變圖形的大小, 只要多加一行程式就可以了:

IN

```
plt.figure(figsize=(12, 8))  ←── 設定圖表長12 吋, 寬 8 吋

plt.scatter(usd, gold)
plt.plot(usd, reg_model(usd), color='red')
plt.show()
```

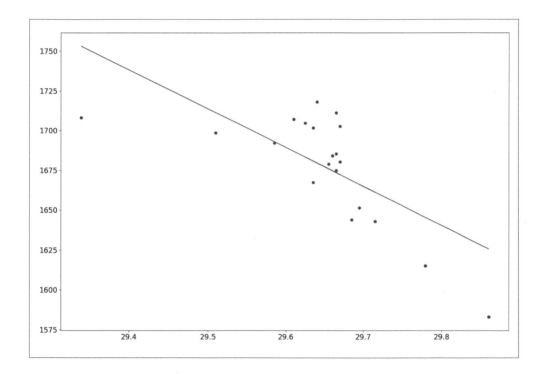

> **Tip** | 如果沒有設定圖表大小, 其預設尺寸為 6 x 4 吋。此外, plt.figure() 必須寫在 matplotlib 其他程式碼前面, 否則會產生一個空白的圖!

▌加入圖表標題及軸文字

至此圖表仍顯得十分陽春, 沒有任何說明文字, 別人肯定看了霧煞煞。現在, 我們要給圖表本身和兩軸加入說明文字:

```
plt.figure(figsize=(12, 8))

plt.scatter(usd, gold)
plt.plot(usd, reg_model(usd), color='red')

plt.title('Regression chart')  ← 設定圖表標題
plt.xlabel('USD exchange rate (to TWD)')
plt.ylabel('Gold price (in USD)')  } 設定 X 軸和 Y 軸文字
plt.show()
```

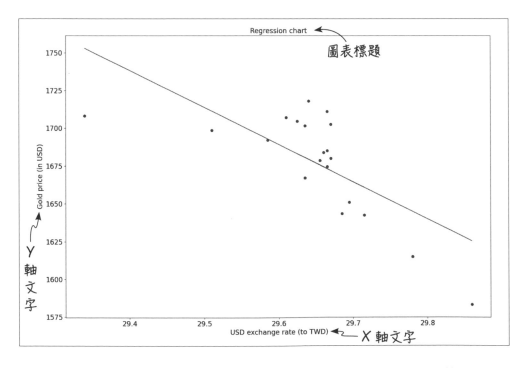

看起來是不是更像樣了呢？不過, 由於字型的關係, 這裡只能輸入英文, 不然會變成亂碼 (後面會提到解法)。

加入圖例和格線

最後, 我們希望在圖表中加入圖例 (指出紅線就是迴歸模型), 此外圖表本身能帶有格線, 更清楚顯示資料的分布狀況:

IN

```
plt.figure(figsize=(12, 8))

plt.scatter(usd, gold)
plt.plot(usd, reg_model(usd), color='red', label='Prediction model')

plt.title('Regression chart')
plt.xlabel('USD exchange rate (to TWD)')          折線本身的圖例說明
plt.ylabel('Gold price (in USD)')
plt.legend()        ← 顯示圖例
plt.grid(True)      ← 顯示格線
plt.show()
```

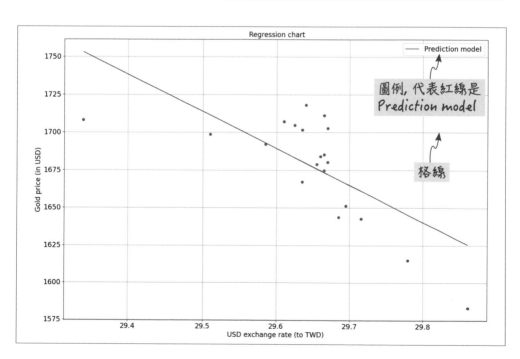

恭喜你, 你已經畫出了第一張專業的 Python 資料科學圖表!

> **Tip** | 你可在 Jupyter Notebook 中按滑鼠右鍵來另存圖表。

調整圖表中文字大小

上圖的文字太小了, 我們可以調整它的大小。最簡單的方式是在呼叫繪製圖表的功能之前, 多加入一行程式:

IN

```
plt.rcParams['font.size'] = 16
```

在其它 plt 程式碼之前加入這行,
將圖表內所有文字大小設為 16

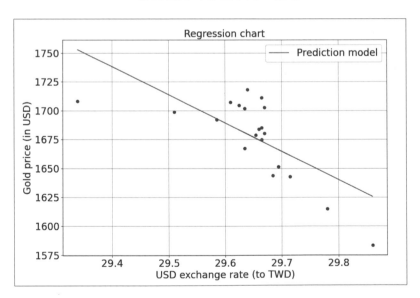

在圖表中顯示中文

前面提到圖表只能輸入英文, 這其實是因為 matplotlib 使用的字型不支援中文。但是, 我們可以給 matplotlib 指定支援中文的新字型:

IN

```
plt.rcParams['font.family'] = 'Microsoft JhengHei'
```

這行程式同樣得寫在 plot.plot() 之前。下面的圖便是將圖表中的文字改成中文的結果 (各位可自行試試)：

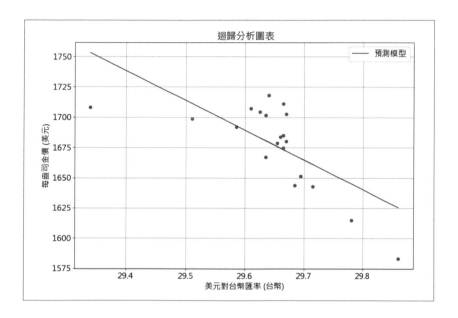

那麼, 有哪些字型支援中文呢？依據作業系統不同, 下面是一些可能的選項：

❶ **Windows 系統**：Microsoft JhengHei (微軟正黑體), Microsoft YaHei (微軟雅黑體)

❷ **macOS系統**：Aqua Kana

❸ **Debian/Ubuntu (Linux) 系統**：Noto Sans CJK JP (思源黑體), Noto Serif CJK JP (思源宋體)

8-3 非線性迴歸模型 補充

　　前面我們建立的模型是線性模型, 也就是變數最多只有一次方, 方程式畫出來就是直線。不過, 有些資料之間的關係不見得是線性, 當 X 增加時, Y 增加或減少的幅度有可能會越來越大:

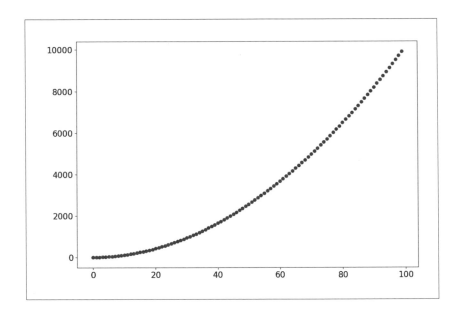

這種資料關係的方程式更複雜, 但說不定更適合對應到資料關係, 帶來更佳的預測效果。比如, 下面的模型仍只有一個變數 X, 但現在提高到二次方, 且有 A、B、C 三個參數:

$$Y = AX^2 + BX + C$$

　　這個模型畫出來就會呈弧線。若繼續提高變數的最高次方, 甚至可能會變成扭扭曲曲的線。

記得前面你用 np.polyfit() 求迴歸模型的係數時, 這函式的第三個參數是 1 嗎？其實, 這個 1 就是方程式的最高次方。如果你把它改成 2, 代表方程式內的變數最高會到 2 次方：

IN

```
coef = np.polyfit(usd, gold, 2)    ← 改成 2 (最高 2 次方)
reg2_model = np.poly1d(coef)
print(reg2_model)    ← 印出模型

plt.scatter(usd, gold)
plt.plot(usd, reg2_model(usd), color='red')    ← 繪製模型
plt.show()
```

OUT

```
        2
-897.7 x + 5.289e+04 x - 7.774e+05
```

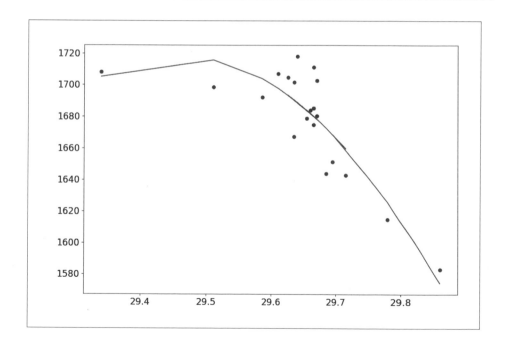

奇妙的事發生了；二次迴歸模型看起來似乎更貼近原始資料。

那麼, 我們繼續提高方程式的最高次方如何？下面是 5 次方多項式迴歸模型的圖形：

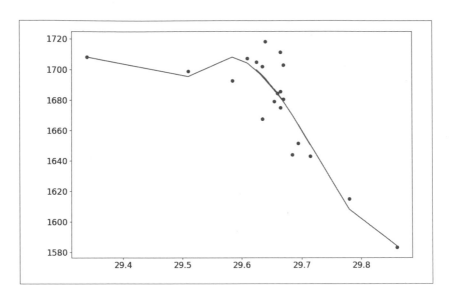

> **Tip** | 如果你試著繼續提高次方, 可能會出現錯誤訊息, 告訴你 NumPy 已經沒辦法找到更好的解。

當心『過度配適』陷阱！

上面 5 次方的迴歸模型, 已經非常貼近原始資料, 應該是最理想的預測模型吧。或者真是如此嗎？

其實, 這個模型有可能做過頭, 跟你手上的資料契合得太過完美, 結果反而**無法正確預測新資料**。比如, 它能精確符合 4 月份的金價, 卻完全無法用來預測 5 月份的金價。這種模型訓練過頭、結果反而預測能力降低的現象, 便叫做**過度配適 (overfitting)** 或過度擬合。在做資料科學時, 這是個不可不慎的問題。

那麼, 你要怎麼曉得模型得『訓練』到什麼程度才適當呢？這時你就得用額外的資料來測試模型, 看看它的預測能力是否夠好。我們在本書第 12 章會再討論這部分要怎麼進行。

重點整理

0. **相關係數 (correlation coefficient)** 代表兩筆資料的相關程度, 這可用 NumPy 的**corrcoef()** 函式求得。

1. **迴歸 (regression)** 分析能求出**迴歸模型**, 即能用一筆資料預測 另一筆資料的方程式。資料的相關程度越高, 預測值就越有參 考性。

2. 最簡單的迴歸模型為**簡單線性迴歸 (simple linear regression)**, 其模型在圖表上是一條直線。你能用 NumPy 的 **polyfit()** 取得 方程式係數, 並用 **poly1d()** 得到模型物件。

3. matplotlib 的 **plt.scatter()** 能繪製散布圖。

4. matplotlib 提供了能調整圖表大小、加入說明文字和格線等等的 功能, 甚至可指定中文字型。

5. (補充) **polyfit()** 也能用來產生非線性迴歸模型, 模型次方越高 可能越能貼近資料。但要當心, 過度貼近資料的模型會有**過度 配適 (overfitting)** 問題。

MEMO

報表處理及視覺化：使用 pandas 及 seaborn

在前面兩章裡，我們處理的都是小規模的資料。然而真實世界的資料——比如以報表形式儲存的資料——往往龐大許多，動輒包含數千、數萬筆以上，而且很可能有不只一個項目。有這麼多資料，是不可能手動一筆一筆輸入程式中的吧？

在這一章，我們就來介紹兩個特別適合處理及視覺化報表資料的 Python 套件，分別是 pandas 及 seaborn：

seaborn: statistical data visualization

Tip	pandas 的名稱跟大貓熊沒啥關係，乃統計學上 panel data（追蹤資料）的縮寫。

和 NumPy 及 matplotlib 一樣，這些套件已經可以在 Jupyter Notebook 直接 import，不必再安裝。

9-0 使用 pandas 匯入並分析資料

在開始匯入真實世界的報表之前, 我們最好先拿比較單純的資料集做為範例, 展示 pandas 是如何處理報表資料的。

這裡我們要使用本書第 11、12 章將提到的 scikit-learn 套件所提供的**鳶尾花資料集** (the iris dataset)；由於此資料集內建在 scikit-learn 中, 因此可以直接 import, 不怕臨時找不到資料、或資料有所變動, 很符合本節的解說需求。

鳶尾花資料集

這資料集是真實資料——它是英國統計學家兼遺傳學家費雪爵士 (Sir R.A. Fisher) 在 1988 年研究中收集的數據, 記錄加拿大加斯帕半島的山鳶尾、變色鳶尾及維吉尼亞鳶尾共 3 種鳶尾花的特徵。

我們先來匯入該資料集, 看看其內容為何：

IN

```
from sklearn import datasets
```
匯入 sklearn (scikit-learn) 套件的資料集

```
datasets.load_iris().data
```
從資料集當中取出鳶尾花資料集

OUT

```
array([[5.1, 3.5, 1.4, 0.2],
       [4.9, 3. , 1.4, 0.2],
       [4.7, 3.2, 1.3, 0.2],
       [4.6, 3.1, 1.5, 0.2],
```

```
        [5. , 3.6, 1.4, 0.2],
        [5.4, 3.9, 1.7, 0.4],
        [4.6, 3.4, 1.4, 0.3],
        [5. , 3.4, 1.5, 0.2],
        [4.4, 2.9, 1.4, 0.2],
        [4.9, 3.1, 1.5, 0.1],
...
```

你會發現傳回的東西是 NumPy 的 ndarray 陣列, 陣列中每個元素 (每一筆資料) 本身也是陣列, 也就是陣列中的子陣列。每筆資料包含了四個欄位:

欄位	花萼寬度 (公分)	花萼長度 (公分)	花瓣寬度 (公分)	花瓣長度 (公分)
資料 (第 0 筆)	5.1	3.5	1.4	0.2
資料 (第 1 筆)	4.9	3	1.4	0.2
資料 (第 2 筆)	4.7	3.2	1.3	0.2
...	...	...	...	...

將資料集載入 DataFrame 物件

為了讓 pandas 能處理資料集, 我們要把它轉成 pandas 可處理的 **DataFrame** 物件, 這是個很適合處理報表資料的容器。

IN

```
from sklearn import datasets
import pandas as pd      ← 匯入 pandas 套件, 取別名為 pd

df = pd.DataFrame(datasets.load_iris().data)   ← 將資料集轉為
print(df)      ← 印出 DataFrame 物件                DataFrame
                                                    物件 df
```

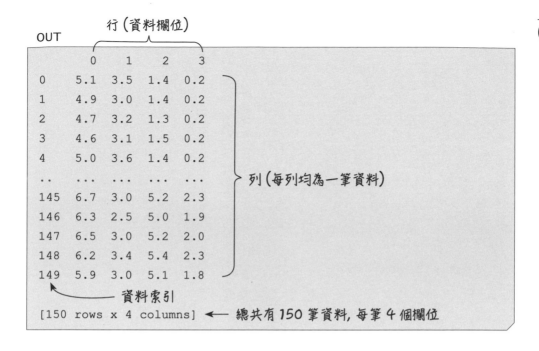

你會發現, df 物件儲存了鳶尾花資料集的內容, 最後還告訴你它有 150 筆資料乘以 4 個欄位。可以想像, DataFrame 其實就是 pandas 版的 Excel 試算表。當然, 由於資料太多, 印出 df 物件時只顯示了頭尾一小部分。

9-1 DataFrame 物件的行列選取及統計量數

重新命名行 (欄位) 名稱

現在, 你已經在 pandas 資料處理踏出第一步了。但前面 df 物件儲存的資料有個問題, 就是行 (資料欄位) 是沒有名稱的, 只有行號而已。

既然我們已經知道鳶尾花每筆資料的四個欄位是什麼, 我們其實可以在匯入資料時就給這些欄位取名字, 好讓後續處理時能更清楚看出每個欄位代表什麼:

IN

```
col_names = ['Sepal width', 'Sepal length', 'Petal width', 'Petal length']
                          建一個串列, 放入欄位名稱
df = pd.DataFrame(datasets.load_iris().data, columns=col_names)
print(df)
```

取代欄位名稱

OUT

有名稱了!

```
     Sepal width  Sepal length  Petal width  Petal length
0            5.1           3.5          1.4           0.2
1            4.9           3.0          1.4           0.2
2            4.7           3.2          1.3           0.2
3            4.6           3.1          1.5           0.2
4            5.0           3.6          1.4           0.2
..           ...           ...          ...           ...
145          6.7           3.0          5.2           2.3
146          6.3           2.5          5.0           1.9
147          6.5           3.0          5.2           2.0
148          6.2           3.4          5.4           2.3
149          5.9           3.0          5.1           1.8

[150 rows x 4 columns]
```

計算資料集的統計量數

搞定了資料欄位名稱後, 我們就來讓 pandas 產生鳶尾花資料集的各項統計數據：

IN

```
print(df.describe())  ← pandas 更厲害了！一次可產生多種統計數量
```

OUT

	Sepal width	Sepal length	Petal width	Petal length	
count	150.000000	150.000000	150.000000	150.000000	←①
mean	5.843333	3.057333	3.758000	1.199333	←②
std	0.828066	0.435866	1.765298	0.762238	←③
min	4.300000	2.000000	1.000000	0.100000	←④
25%	5.100000	2.800000	1.600000	0.300000	←⑤
50%	5.800000	3.000000	4.350000	1.300000	←⑥
75%	6.400000	3.300000	5.100000	1.800000	←⑦
max	7.900000	4.400000	6.900000	2.500000	←⑧

① 資料筆數　　② 平均數　　③ 標準差　　④ 最小值
⑤ 第 1 四分位數　⑥ 中位數　⑦ 第 3 四分位數　⑧ 最大值

Tip | 如果在 Jupyter Notebook 不使用 print(), 會如下印出結果：

	0	1	2	3
count	150.000000	150.000000	150.000000	150.000000
mean	5.843333	3.057333	3.758000	1.199333
std	0.828066	0.435866	1.765298	0.762238
min	4.300000	2.000000	1.000000	0.100000
25%	5.100000	2.800000	1.600000	0.300000
50%	5.800000	3.000000	4.350000	1.300000
75%	6.400000	3.300000	5.100000	1.800000
max	7.900000	4.400000	6.900000	2.500000

▎取出特定行的資料

若想從 DataFrame 物件挑出某欄位 (某行) 資料, 只要用中括號 [] 並填入欄位名稱即可:

IN

```
print(df['Sepal width'])  ←── 取出『花萼寬度』資料
```

OUT

```
0      5.1
1      4.9
2      4.7
3      4.6
4      5.0
       ...
145    6.7
146    6.3
147    6.5
148    6.2
149    5.9
Name: Sepal width, Length: 150, dtype: float64
```

> **Tip** | 選擇欄位後傳回的物件仍然是 DataFrame。但若你在前項沒有重新命名欄位名稱的話, 就只能用行號存取各行資料, 如 df[0], df[1]...

取出 DataFrame 的其中一行後, 你也可以單獨檢視該行的統計量數:

IN

```
df_col = df['Sepal width']
print(df_col.describe())
```

OUT
```
count    150.000000
mean       5.843333
std        0.828066
min        4.300000
25%        5.100000
50%        5.800000
75%        6.400000
max        7.900000
Name: Sepal width, dtype: float64
```

pandas 的統計量數功能

DataFrame 物件和 NumPy 的 ndarray 一樣, 內建了各式各樣的統計函式, 讓你能單獨取得某些量數。你也可以試試看下面這些指令, 我們就不列出執行結果了:

IN
```
print(df.count())
print(df.sum())  ←── 欄位所有值的總和
print(df.mean())
print(df.var())
print(df.std())
print(df.min())
print(df.quantile(0.25))
print(df.median())
print(df.quantile(0.75))
print(df.max())
```

▌取出特定列的資料

若想取出資料集中的某筆資料 (某索引的資料, 比如第 0 筆), 則可用 df.loc[0] 來取得:

IN

```
print(df.loc[0])  ◀── 取得索引 0 的資料
```

OUT

```
Sepal width     5.1
Sepal length    3.5
Petal width     1.4
Petal length    0.2
Name: 0, dtype: float64
```

把行或列轉為 ndarray

資料轉成 DataFrame 後, 如果想把某行或列的資料拿回去用 NumPy 套件運算, 要怎麼做呢? pandas 也提供了將資料轉換成 ndarray 的功能:

IN

```
print(df['Sepal width'].to_numpy())  ◀── 把某列轉成 ndarray
print(df.loc[0].to_numpy())  ◀────────── 把某行轉成 ndarray
```

pandas 是功能非常強大的資料套件, 其內容多到足以寫成一本書。不過, 現在你對於如何透過 pandas 存取資料, 應該已經有點概念了。我們在本章稍後會再舉些更實際的真實範例。

9-2 以 seaborn 將報表資料視覺化

現在, 我們要來看看如何將 DataFrame 物件的內容繪製成圖表。我們要使用 seaborn 這個套件, 它能用非常簡短的語法將 DataFrame 的內容視覺化。

▌pair plot：一張圖畫出所有欄位的關係

我們在第 7 和 8 章看過直方圖和散布圖。seaborn有個功能可以一次畫出這兩種圖, 稱為 pair plot：

IN

```
from sklearn import datasets
import pandas as pd
import matplotlib.pyplot as plt   ← 這裡記得也要匯入 matplotlib
import seaborn as sns   ← 匯入 seaborn 並取別名 sns

column_names = ['Sepal width', 'Sepal length', 'Petal width', 接下行
'Petal length']
df = pd.DataFrame(datasets.load_iris().data, columns=column_names)

sns.pairplot(df)   ← 繪製 pair plot
plt.show()   ← 顯示圖表
```

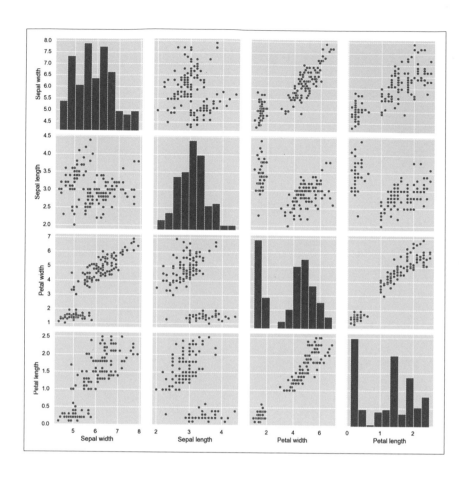

　　由上可見, sns.pairplot() 畫出了 4x4 的方陣, 將資料欄位的兩兩關係呈現出來, 而對角線位置則顯示該資料欄位本身的直方圖。

seaborn 與 matplotlib 的關係

為什麼程式也要匯入 matplotlib, 並在結尾呼叫 plt.show() 呢? 因為 seaborn 其實是建構在 matplotlib 之上, 它仍然需要用 matplotlib 套件來產生最終的圖表。

其實 pandas 本身也有內建繪圖功能, 而且一樣是來自 matplotlib, 只是樣式沒有 seaborn 那麼賞心悅目罷了, 很神奇吧!

在 pair plot 只顯示特定欄位

　　有時資料集的欄位太多, 你可能只想在 pair plot 顯示某些欄位。這時只要將篩選過欄位的 DataFrame 物件輸入 sns.pairplot() 即可：

要選出的欄位
（包成一個串列放入 *df*[]）

IN

```
df_cols = df[['Sepal width', 'Petal width']]
sns.pairplot(df_cols)
plt.show()
```

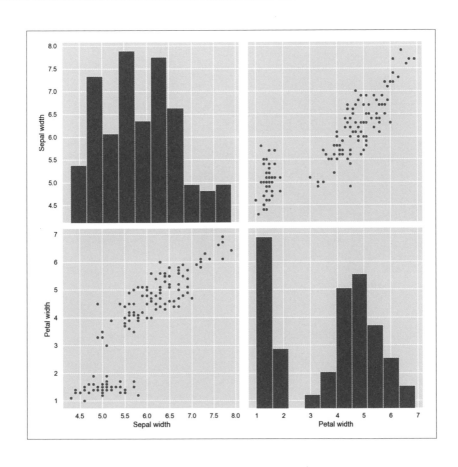

你還可以選擇加入以下參數, 修改 pair plot 的某些樣式:

```
sns.pairplot(df_cols, kind='reg')
plt.show()
```

在散布圖畫出簡單線性迴歸

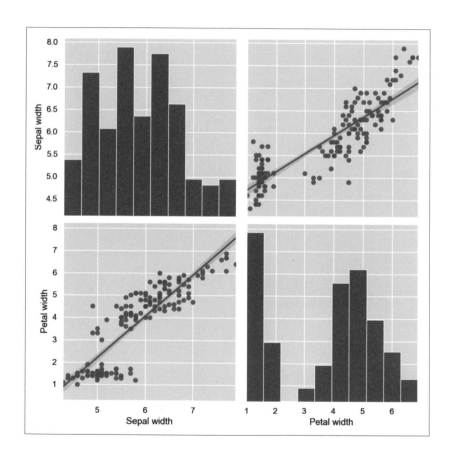

調整 pair plot 大小及字體的方法

如果你想調整以上圖表及兩軸文字的尺寸, 可試試以下方式：

IN

```
sns.set(font_scale=1.5)    ← 將圖表文字放大 1.5 倍
sns.pairplot(df, height=4)
```

將 pair plot 每一個框
的高度設為 4 英吋

▌印出相關係數矩陣

上面的 pair plot 能顯示資料各欄位的兩兩對應的散布圖關係, 可是無法顯示各欄位之間的相關度或相關係數 (第 8 章, 8-0 節)。這時, 我們就可以改用所謂的**熱圖**。

以 pandas 求出相關係數矩陣的方式如下：

IN

```
print(df.corr())
```

記得, 對角線的相關係數都是 1

OUT

	Sepal width	Sepal length	Petal width	Petal length
Sepal width	1.000000	-0.117570	0.871754	0.817941
Sepal length	-0.117570	1.000000	-0.428440	-0.366126
Petal width	0.871754	-0.428440	1.000000	0.962865
Petal length	0.817941	-0.366126	0.962865	1.000000

印出各欄位的相關係數

▎用熱圖 (heat map) 做視覺化

印出欄位之間的相關係數後, 你只要再用一行指令, 就能將上面這堆數字轉成清晰好讀的『熱圖』:

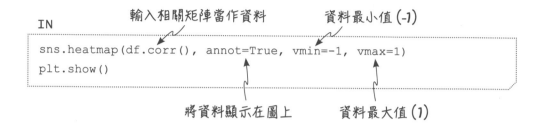

```
IN
sns.heatmap(df.corr(), annot=True, vmin=-1, vmax=1)
plt.show()
```

輸入相關矩陣當作資料
資料最小值 (-1)
將資料顯示在圖上
資料最大值 (1)

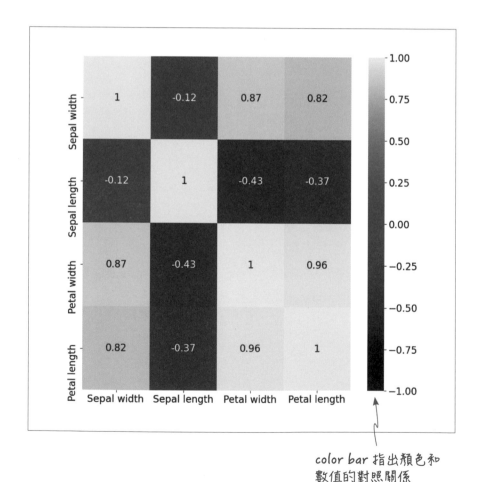

color bar 指出顏色和
數值的對照關係

熱圖的解讀

熱圖要如何解讀？它其實就是用顏色的色調與深淺來呈現當中數值的高低關係, 而這個關係可用畫面右邊的 colorbar 來對照。

上面看到的是 seaborn 熱圖的預設色系 (淡黃—紅紫色系, 稱為『rocket』) 其實也是可更改的。各位可試試看以下程式碼：

IN

```
sns.heatmap(df.corr(), annot=True, vmin=-1, vmax=1,
cmap='viridis')
```

設定 cmap (colormap) 色系名稱,
此色系為 seaborn 內建

和 pair plot 一樣, 你也可以篩選特定欄位來繪製熱圖：

IN

```
cols = ['Sepal width', 'Sepal length']
sns.heatmap(df[cols].corr(), annot=True , vmin=-1, vmax=1)
plt.show()
```

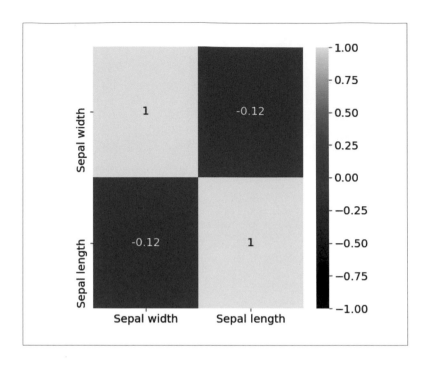

此外, 上面我們用 vmin 和 vmax 參數指定了數值的範圍, 這麼一來即使在篩選欄位後, 熱圖的色調也能維持統一。 若不指定 vmin 和 vmax 參數的話, 熱圖的 colorbar 就只會對應到資料本身的最小值與最大值。

調整熱圖大小

調整熱圖大小的方式, 和前面的 pair plot 不太一樣, 反而和 matplotlib 更類似。 此外, 你一樣能縮放圖中的字體大小:

IN

```
sns.set(font_scale=1.5)    ←——— 字體設為 1.5 倍
plt.figure(figsize=(6, 6))  ←——— 圖表設為 6 x 6 吋
sns.heatmap(df.corr(), annot=True)
```

箱型圖

最後, seaborn 也能繪製第 7 章介紹過的箱型圖：

IN

```
sns.boxplot(data=df)  ←── 注意資料要用 data 屬性傳給 sns.boxplot()
plt.show()
```

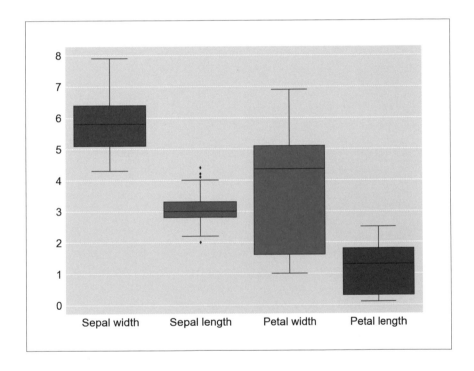

9-3 讀取空汙資訊的 CSV 格式報表

當然, 你或許仍有個疑問, 就是『我到底要怎麼將 pandas 及 seaborn 套用在真實世界的報表上?』下面我們就來看個例子, 使用下載自網路的真實 CSV 格式報表。

此處資料來自中研院、民間業者及 LASS 社群 (開源公益環境感測網路) 合作的『空氣盒子』計畫, 藉由安裝在全台的空氣品質感測器, 提供即時公開的空汙資訊:

1 在瀏覽器打開網址 https://scidm.nchc.org.tw 或搜尋『國網中心資料集平台』。

2 搜尋『空氣盒子即時量測資料』。

3 下載 CSV 報表, 放在電腦的『下載』資料夾中。

4 如果上述網站暫時無法使用, 可試試看政府資料開放平台的『空氣品質指標』(https://data.gov.tw/dataset/40448)。

> **Tip**
>
> CSV (Comma-Separated Values, 逗號分隔值) 其實是純文字檔, 用逗號來分隔資料。它是網路上最常用來分享資料的報表格式之一。

現在, 你可以用以下方式將報表載入到 pandas 的 DataFrame 物件中:

IN

```
import pandas as pd

df = pd.read_csv(r'C:\Users\使用者名稱\Downloads\檔名.csv')
```

路徑字串開頭得寫 r

把這裡換成你電腦的使用者名稱

這裡換成你下載的檔案名稱

檔案路徑

路徑字串開頭寫 r 的用意，是要 Python 不要把路徑中的反斜線解讀為特殊字元。第 5 章曾提過 \n 是換行字元；事實上，有很多特殊字元就是以反斜線開頭。

如果你不知道電腦的使用者名稱，可在『下載』資料夾對 aqi.csv 點右鍵、選擇『內容』，就可看到檔案所在的路徑。

匯入報表後，來看看 df 物件的內容（以下拿我們在 2020 年 7 月 23 日早上 11 點下載的報表為例）：

IN

```
df
```

	SiteName	County	AQI	Pollutant	Status	SO2	CO	CO_8hr	O3	O3_8hr	...	NO	WindSpeed	WindDirec	PublishTime	PM2.5_AVG	PM10_AVG	SO
0	臺南(北門)	臺南市	31.0	NaN	良好	0.9	0.12	0.2	43	28.0	...	0.4	2.4	278.0	2020-07-23 12:00	10.0	22.0	
1	屏東(琉球)	屏東縣	46.0	NaN	良好	4.3	0.43	0.3	73	43.0	...	1.2	1.6	324.0	2020-07-23 12:00	14.0	20.0	
2	臺南(麻豆)	臺南市	NaN	NaN	設備維護	NaN	NaN	NaN	NaN	NaN	...	NaN	NaN	NaN	2020-07-23 12:00	NaN	NaN	
3	彰化(大城)	彰化縣	26.0	NaN	良好	2.2	0.18	0.2	32	21.0	...	-0.3	3.1	294.0	2020-07-23 12:00	8.0	16.0	
4	富貴角	新北市	32.0	NaN	良好	0.4	0.08	0.1	48	33.0	...	0.2	5.2	259.0	2020-07-23 12:00	10.0	17.0	
...	...	...	...	...	...	...	...	...	...	...	...	...	...	...	...	...	...	
76	土城	新北市	45.0	NaN	良好	3.4	0.29	0.3	83	31.0	...	2.6	1.6	292.0	2020-07-23 12:00	14.0	32.0	
77	新店	新北市	44.0	NaN	良好	2.7	0.27	0.3	84	31.0	...	0.6	2.3	287.0	2020-07-23 12:00	14.0	27.0	
78	萬里	新北市	44.0	NaN	良好	3.9	0.24	0.2	83	36.0	...	2.0	3.2	67.0	2020-07-23 12:00	13.0	18.0	
79	汐止	新北市	55.0	細懸浮微粒	普通	2.8	0.34	0.5	94	30.0	...	2.0	2.0	287.0	2020-07-23 12:00	17.0	29.0	
80	基隆	基隆市	48.0	NaN	良好	6.7	0.28	0.3	92	33.0	...	1.4	2.3	89.0	2020-07-23 12:00	15.0	29.0	

81 rows × 24 columns

可以看到總共有 81 筆資料,每筆資料有 24 個欄位。當然,有些欄位不是空汙感測資料(例如縣市名稱、儀器狀態、儀器經緯度等)。

此外,報表中有些資料因為儀器故障等因素而遺失,pandas 在這些地方填入了 NaN (not a number)。比如,第 2 筆台南 (麻豆) 的資料,因設備維護中,多數欄位都變成 NaN。

▍在載入報表時就篩選欄位

有的資料 (比如經緯度) 拿來算統計量數,其實沒什麼意義。為了簡化作業,我們可以在呼叫 pd.read_csv() 時就選出特定的欄位。

下面我們決定選出其中 7 欄:

欄位	AQI	CO	O3	PM10	PM2.5	NO2	NO
意義	空氣品質指標	一氧化碳	臭氧	PM10	PM2.5	二氧化氮	一氧化氮

> **Tip** | 若欄位很多,pandas 在顯示時會省略中間部分的欄位,但你可以使用 Excel 打開 CSV 報表檔,即可查看完整欄位名稱。

IN

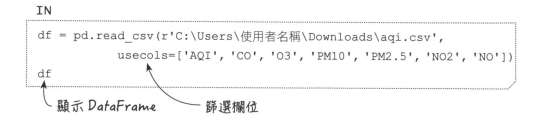

```
df = pd.read_csv(r'C:\Users\使用者名稱\Downloads\aqi.csv',
        usecols=['AQI', 'CO', 'O3', 'PM10', 'PM2.5', 'NO2', 'NO'])
df
```

顯示 DataFrame　　　　篩選欄位

	AQI	CO	O3	PM10	PM2.5	NO2	NO
0	31.0	0.12	43	17.0	6	1.8	0.4
1	46.0	0.43	73	26.0	22	3.9	1.2
2	NaN	NaN	NaN	NaN	NaN	NaN	NaN
3	26.0	0.18	32	17.0	2	2.7	-0.3
4	32.0	0.08	48	20.0	9	0.7	0.2
...	...	...	...	...	...	...	...
76	45.0	0.29	83	36.0	19	11.0	2.6
77	44.0	0.27	84	42.0	20	11.0	0.6
78	44.0	0.24	83	22.0	19	6.8	2.0
79	55.0	0.34	94	35.0	18	12.0	2.0
80	48.0	0.28	92	37.0	22	8.1	1.4

81 rows × 7 columns

將某欄位指定為索引

現在我們把資料縮減到 7 欄了, 但浮現一個問題：這些空汙資料是在不同地點測量的, 但篩選後就失去地點資訊了, 資料只以 0 到 80 的索引數字識別之。

不過, 我們其實可以把某一欄資料 (比如地點) 指定為新索引：

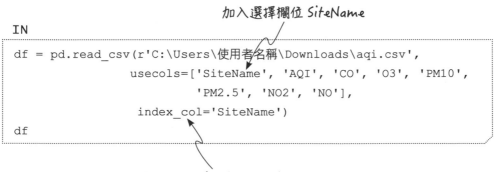

加入選擇欄位 SiteName

IN
```
df = pd.read_csv(r'C:\Users\使用者名稱\Downloads\aqi.csv',
            usecols=['SiteName', 'AQI', 'CO', 'O3', 'PM10',
                    'PM2.5', 'NO2', 'NO'],
            index_col='SiteName')
df
```

指定欄位 SiteName 為索引

SiteName 欄位變成索引了

	AQI	CO	O3	PM10	PM2.5	NO2	NO
SiteName							
臺南(北門)	31.0	0.12	43	17.0	6	1.8	0.4
屏東(琉球)	46.0	0.43	73	26.0	22	3.9	1.2
臺南(麻豆)	NaN	NaN	NaN	NaN	NaN	NaN	NaN
彰化(大城)	26.0	0.18	32	17.0	2	2.7	-0.3
富貴角	32.0	0.08	48	20.0	9	0.7	0.2
...	...	...	...	...	...	...	...
土城	45.0	0.29	83	36.0	19	11.0	2.6
新店	44.0	0.27	84	42.0	20	11.0	0.6
萬里	44.0	0.24	83	22.0	19	6.8	2.0
汐止	55.0	0.34	94	35.0	18	12.0	2.0
基隆	48.0	0.28	92	37.0	22	8.1	1.4

81 rows × 7 columns

▌整理非數值的資料

現在, 我們手上的資料還剩下一個問題, 就是有些欄位雖不是空白也不是 NaN, 卻是無法處理的文字。你檢視一下報表的部分內容, 就能發現到這種現象:

IN

```
df.head(10)
```
← 顯示 DataFrame 的前 10 行

SiteName	AQI	CO	O3	PM10	PM2.5	NO2	NO
臺南(北門)	31.0	0.12	43	17.0	6	1.8	0.4
屏東(琉球)	46.0	0.43	73	26.0	22	3.9	1.2
臺南(麻豆)	NaN	NaN	NaN	NaN	NaN	NaN	NaN
彰化(大城)	26.0	0.18	32	17.0	2	2.7	-0.3
富貴角	32.0	0.08	48	20.0	9	0.7	0.2
麥寮	38.0	0.12	36	19.0	ND	5.7	2.4
關山	15.0	-	22	11.0	4	1.4	0.8
馬公	16.0	0.08	14	11.0	7	-0.4	1.1
金門	17.0	0.07	17	33.0	3	1.3	1.0
馬祖	39.0	0.15	40	35.0	15	3.0	1.4

不是空值也不是數值的
『有問題』資料

若你直接對這個 DataFrame 物件呼叫 describe(), 會發現 pandas 只顯示了其中一部分欄位的統計量數。為什麼呢？因為某些欄位含有文字資料, 導致 pandas 無法算出結果。

這時, 你可執行下面這段程式, 它能強制把不正確的文字資料變成 NaN：

IN

```
df = df.apply(pd.to_numeric, errors='coerce')
```

將不正確的資料強制轉成數值或 NaN

現在再來看一次報表內容：

IN

```
df.head(10)
```

	AQI	CO	O3	PM10	PM2.5	NO2	NO
SiteName							
臺南(北門)	31.0	0.12	43.0	17.0	6.0	1.8	0.4
屏東(琉球)	46.0	0.43	73.0	26.0	22.0	3.9	1.2
臺南(麻豆)	NaN	NaN	NaN	NaN	NaN	NaN	NaN
彰化(大城)	26.0	0.18	32.0	17.0	2.0	2.7	-0.3
富貴角	32.0	0.08	48.0	20.0	9.0	0.7	0.2
麥寮	38.0	0.12	36.0	19.0	NaN	5.7	2.4
關山	15.0	NaN	22.0	11.0	4.0	1.4	0.8
馬公	16.0	0.08	14.0	11.0	7.0	-0.4	1.1
金門	17.0	0.07	17.0	33.0	3.0	1.3	1.0
馬祖	39.0	0.15	40.0	35.0	15.0	3.0	1.4

剛才不正確的資料都變成 NaN 了

從整理好的資料產生統計結果與圖表

終於, 報表整理完成了。現在我們便能很快算出這些資料的統計量數, 並畫出漂漂亮亮的圖表：

IN

```
df.describe()
```

	AQI	CO	O3	PM10	PM2.5	NO2	NO
count	80.000000	74.000000	71.000000	73.000000	72.0000	75.000000	75.000000
mean	40.487500	0.225541	52.394366	27.438356	14.1250	7.392000	2.288000
std	11.217069	0.135900	17.933591	9.945667	6.2098	6.495856	4.376904
min	11.000000	0.050000	14.000000	3.000000	2.0000	-0.400000	-0.300000
25%	33.000000	0.150000	42.000000	19.000000	9.0000	3.050000	0.800000
50%	42.000000	0.200000	50.000000	28.000000	15.0000	5.700000	1.400000
75%	47.250000	0.287500	64.000000	36.000000	19.0000	9.700000	2.100000
max	61.000000	0.830000	94.000000	47.000000	29.0000	37.000000	30.000000

IN

```
sns.heatmap(df.corr(), annot=True)
plt.show()
```

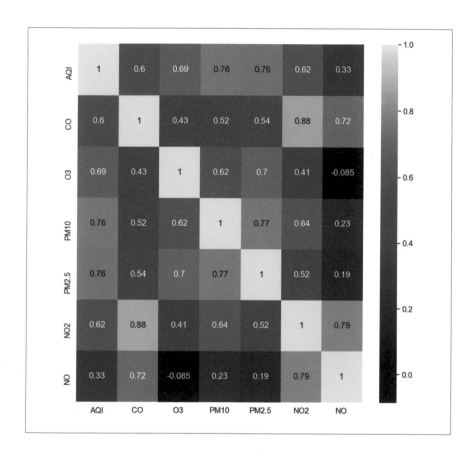

如何？在這之後, 你只要下載新的空汙資訊報表, 再次執行程式就能獲得新的分析結果、輸出視覺化圖表。而這就是運用 Python 處理資料的強大之處。

讀取 Excel 的 XLS / XLSX 格式報表

除了讀取 CSV 報表為 DataFrame 之外, pandas 其實也能讀取微軟 Excel 的試算表檔案 (.xls 或 .xlsx):

```
import pandas as pd

df = pd.read_excel(r'C:\Users\使用者名稱\Downloads\檔
名.xlsx ')
```

有時你下載的 CSV 報表需要大量整理, 但在 Excel 內修改 CSV 檔又可能
會使其格式跑掉或變成亂碼。這時你或許可試試看以下的技巧: 先把 CSV
檔轉存為 XLS 或 XLSX 格式, 直接刪掉不需要的資料、行與列。這麼一來,
pandas 將報表讀進來後就不需進一步清理了。

重點整理

0. 若要處理報表資料, 可使用 **pandas** 和 **seaborn** 套件。前者適
   合處理有眾多欄位的報表, 後者則適合將報表視覺化。

1. 你可以從 DataFrame 物件中篩選特定的欄位 (行) 或特定筆資料
   (列)。

2. 你可以在匯入報表時重新命名欄位名稱, 或指定某一欄為索
   引。

3. 用 DataFrame 的 **describe()** 可快速取得所有欄位的各種統計
   量數, corr() 則能得到相關矩陣。

4. seaborn 的 **pairplot()** 可畫出 DataFrame 各欄位的關係圖,
   heatmap() 能畫出熱圖, **boxplot()** 則能畫箱型圖。

5. pandas 能將 CSV (或 XLS, XLSX) 格式檔案匯入到 **DataFrame**
   物件中, 該物件內建了一系列統計量數功能。

6. 匯入報表資料後, 可能得對內容做資料清理。你可以用 pandas
   的功能整理非數值, 或者先將報表轉為 Excel 格式、清理過後再
   匯入。

爬取網路資料：
使用 requests

在前面幾章, 我們都是以直接建立陣列或載入報表的方式取得資料, 但其實還透過網路我們可以取得更多資料。

在網路上, 許多人提供了專門查詢資料用的網路服務。不同於一般報表是彙整過的資訊, 網路服務往往能提供高度即時性的資料, 比如最新的匯率或氣象狀況, 非常有用。

若想在 Python 程式中取得網路資源, requests 套件就是你的好幫手。本章我們就來看看, 如何使用這個套件讓你的程式與網路無縫接軌。

10-0 用 requests 存取網路資源

▌request 是在做什麼?

和本書其他套件一樣, requests 已經由 Anaconda 內建在 Jupyter Notebook 環境中。但在使用它之前, 我們得先了解這套件實際上是在做什麼。

比如, 下面這個網址是教育部 108 學年度各大專院校的學生人數統計報表, 我們之前已經在第 0 章看過:

網址

http://stats.moe.gov.tw/files/detail/108/108_student.csv

猜猜看, 下面這段程式會做什麼事?

IN

```
import requests    ← 匯入 requests 套件

response = requests.get('http://stats.moe.gov.tw/files/ 接下行
detail/108/108_student.csv')
response.text    ← 印出回應物件的文字
```

取回網址的內容
並存入回應物件

```
學校代碼,學校名稱,日間/進修別,等級別,總計,男生計,女生計,一年級男生,一年級女生,二年級男生,二年級女生,三年級男生,三年級女生,四年級男生,四年級
女生,五年級男生,五年級女生,六年級男生,六年級女生,七年級男生,七年級女生,延修生男生,延修生女生,縣市名稱,體系別
0001,國立政治大學,D 日,D 博士,995,561,434,90,85,87,77,84,74,89,53,70,48,61,55,80,42,0,0,30 臺北市,1 一般
0001,國立政治大學,D 日,M 碩士,4023,1861,2162,644,745,593,702,372,451,252,264,0,0,0,0,0,0,0,30 臺北市,1 一般
0001,國立政治大學,D 日,B 學士,9585,3912,5673,896,1289,906,1309,883,1319,882,1333,0,0,0,0,0,0,0,345,423,30 臺北市,1 一般
0001,國立政治大學,N 職,M 碩士,1787,929,858,298,273,266,233,185,190,110,96,70,66,0,0,0,0,0,0,30 臺北市,1 一般
0002,國立清華大學,D 日,D 博士,1656,1211,445,241,85,206,90,179,64,163,60,140,43,122,44,160,59,0,0,18 新竹市,1 一般
0002,國立清華大學,D 日,M 碩士,5190,3221,1969,1299,754,1231,659,475,321,209,211,3,14,4,10,0,0,0,0,18 新竹市,1 一般
0002,國立清華大學,D 日,B 學士,8500,4658,3842,1105,925,1093,843,1075,945,1123,975,0,0,0,0,0,0,0,262,154,18 新竹市,1 一般
0002,國立清華大學,D 日,X 4+X,39,25,14,3,2,2,20,12,0,0,0,0,0,0,0,0,0,0,2,0,18 新竹市,1 一般
0002,國立清華大學,N 職,M 碩士,1293,479,814,191,269,170,217,35,114,26,92,23,43,9,29,25,50,0,0,18 新竹市,1 一般
0003,國立臺灣大學,D 日,D 博士,3433,2405,1028,467,185,361,179,347,163,355,132,292,130,240,105,343,134,0,0,30 臺北市,1 一般
0003,國立臺灣大學,D 日,M 碩士,10335,6241,4094,2483,1615,2302,1457,970,622,486,400,0,0,0,0,0,0,0,30 臺北市,1 一般
0003,國立臺灣大學,D 日,B 學士,16614,9431,7183,2105,1592,2165,1592,2083,1653,2037,1608,167,111,145,71,1,4,728,552,30 臺北市,1 一般
0003,國立臺灣大學,N 職,M 碩士,1562,949,613,328,236,331,235,165,92,62,22,35,18,28,10,0,0,0,30 臺北市,1 一般
0003,國立臺灣大學,P 進,B 學士,1,1,0,0,0,0,0,0,0,0,0,0,0,0,0,0,1,0,30 臺北市,1 一般
0004,國立臺灣師範大學,D 日,D 博士,1353,662,691,108,117,97,104,121,114,93,106,91,104,73,65,79,81,0,0,30 臺北市,3 師範
0004,國立臺灣師範大學,D 日,M 碩士,4196,1794,2402,657,807,558,724,345,514,234,357,0,0,0,0,0,0,0,30 臺北市,3 師範
0004,國立臺灣師範大學,D 日,B 學士,8104,3603,4501,875,1084,830,1072,811,1057,820,1023,0,0,0,0,0,0,0,267,265,30 臺北市,3 師範
0004,國立臺灣師範大學,N 職,M 碩士,2063,599,1464,192,457,178,440,99,267,67,142,33,90,30,68,0,0,0,30 臺北市,3 師範
0005,國立成功大學,D 日,D 博士,1829,1261,568,264,138,215,92,202,88,162,82,158,67,123,50,137,51,0,0,21 臺南市,1 一般
0005,國立成功大學,D 日,M 碩士,6833,4290,2543,1910,1064,1738,1015,492,342,148,120,1,2,1,0,0,0,0,21 臺南市,1 一般
0005,國立成功大學,D 日,B 學士,11348,7046,4302,1677,1011,1658,1007,1602,1024,1631,981,79,59,51,37,1,3,347,180,21 臺南市,1 一般
0005,國立成功大學,N 職,M 碩士,1446,900,546,303,192,269,171,177,106,95,51,0,0,0,0,0,0,0,21 臺南市,1 一般
0006,國立中興大學,D 日,D 博士,944,658,286,103,46,108,57,97,44,97,40,75,30,75,25,103,44,0,0,19 臺中市,1 一般
0006,國立中興大學,D 日,M 碩士,3447,2054,1393,854,601,849,555,244,161,106,75,1,1,0,0,0,0,0,19 臺中市,1 一般
0006,國立中興大學,D 日,B 學士,8020,4619,3401,1065,810,1085,782,1093,840,1112,825,34,46,0,0,0,0,230,98,19 臺中市,1 一般
0006,國立中興大學,N 職,M 碩士,1625,1106,519,401,212,329,176,179,67,113,34,84,30,0,0,0,0,0,19 臺中市,1 一般
0006,國立中興大學,P 進,B 學士,947,416,531,110,107,76,121,68,120,93,115,52,58,0,0,0,0,17,10,19 臺中市,1 一般
```

可以看到, requests 直接把 108_student.csv 的內容（由逗點分隔的純文字資料）抓回來了。要是你下載這個檔案再用純文字編輯器打開, 也會看到一樣的結果。

　　若把上面程式中的網址換成下面這個, 又會有什麼結果？

IN

```
http://gis.taiwan.net.tw/XMLReleaseALL_public/activity_C_f.json
```

```
{
  "XML_Head": {
    "Listname": "2",
    "Language": "C",
    "Orgname": "315080000H",
    "Updatetime": "2020-08-13T01:12:33+08:00",
    "Infos": {
      "Info": [
        {
          "Id": "C2_315080000H_080172",
          "Name": "2020頭城搶孤民俗文化活動",
          "Description": "源自於清代，在中元節的普渡後，會將祭祀的供品提供民眾搶奪，或有一說是為了犒退流連忘返的鬼魂，稱為「搶孤」。頭城搶孤是臺灣規模最大的搶孤活動，也為宜蘭縣傳統農曆七月之民間重要活動之一。高聳參天的搶孤棚，是以福杉製成的棚柱，高約十一公尺，寬約八公尺；其上再以約七、八丈高的青竹編紮成為孤棧；棧上綁緊包含魷魚、肉粽、米粉、肉、魚…等多樣食品。參賽隊伍必須以疊羅漢方式，才能攀上塗滿牛油的棚柱及孤棧，在攀登過程中所割下的食品則丟下棚架供棚下觀眾撿拾，取下棧尾的順風旗才算奪標。另外還有水燈遊街之老街巡禮、鬼門關閉前一天之竹安河口放水燈、北管鬥陣&hellip;等活動，內容包羅萬象。從七月一日中元鬼門開的第一天，至七月底鬼門關閉的搶孤，為期一個月，除了紀念篳路藍縷的開蘭先賢，更結合豐富的宗教傳統與民俗文化活動等。※受到武漢肺炎疫情影響，2020頭城搶孤活動停辦，但屆時祭典科儀照常舉行。",
          "Participation": "",
          "Location": "宜蘭縣 頭城鎮",
          "Add": "宜蘭縣頭城鎮文小一文化園區（搶孤場區）",
          "Region": "宜蘭縣",
          "Town": "頭城鎮",
```
———————————— (中間省略) ————————————
```
          "Py": 24.852678,
          "Class1": "01",
          "Class2": "02",
          "Map": "",
          "Travellinginfo": "",
          "Parkinginfo": "",
          "Charge": "",
          "Remarks": ""
        },
```

這裡印出來的也是文字, 顯然是近期的觀光活動情報。但是, 它的格式明顯和 CSV 檔很不一樣。

上面這個以 .json 結尾的網址, 我們在本書稱之為『網路服務』——存取它便能收到以特殊格式編成的資訊。在本章中, 我們就要介紹如何從這些網路服務抽取出你需要的資料。

所以 requests 是在做什麼？

你可以試試看把網址換成某個網站 (例如 https://9gag.com/) 然後再執行一次程式。你會發現, 畫面上印出了該網站的原始碼。

requests 就是個能將網址的資源下載回來的工具；若資源是文字 (例如網頁、CSV、TXT 檔), 就能在程式編輯器中直接印出來。當然, 如果資源並非文字 (比如 JPEG 或 MP3 編碼的檔案), 則得做特殊處理才能顯示或播放。

10-1 以 requests 取得網路服務

▌簡單的網路服務範例

究竟什麼是網路服務, 我們又要如何使用它們？下面我們就先拿個簡單的服務為例。

這個服務, 傳回的結果相當單純, 就是隨機的可愛汪星人照片或影片網址：

IN

```python
import requests

url = 'https://random.dog/woof.json'   ← 服務的網址

response = requests.get(url)
print(response.text)
```

OUT

```
{"fileSizeBytes":180697,"url":"https://random.dog/d242b545-ad14-
42c9-8671-1e368a9672f0.jpg"}
```
↖ 有個網址

Tip	你看到的回應內容取決於實際傳回的結果, 每次都會不同。

看得出來這段字串裡包含了一個網址, 可是要怎麼用程式從這串文字裡抓出網址呢？

解讀 JSON 格式資料

上面網路服務傳回的資料, 其格式是所謂的 **JSON** (JavaScript Object Notation, JavaScript 物件表示法)。這是起源於 JavaScript 語言的標準, 但如今被廣泛使用, 不再限於特定程式語言。

要在 Python 程式中解讀 JSON 格式資料也非常簡單, 只要一行指令就行了:

IN

```
response.json()   ←  將傳回的資料以 JSON 格式解讀
```

OUT

```
{'fileSizeBytes': 180697,
 'url': 'https://random.dog/d242b545-ad14-42c9-8671-1e368a9672f0.jpg'}
```

奇怪, 解讀後看來跟前一頁 response.txt 沒什麼差別嘛! 但是等等, 先來看 response.json() 傳回的物件是什麼型別:

IN

```
type(response.json())
```

OUT

```
dict
```

原來, 解讀後傳回的物件是個 Python 字典! 觀察一下這段結果, 確實就像字典一樣有鍵與對應的值:

鍵	值
'fileSizeBytes' (檔案大小)	180697
'url' (檔案網址)	'https://random.dog/d242b545-ad14-42c9-8671-1e368a9672f0.jpg'

那麼, 我們接著就可以用字典的方式取出當中的資料囉：

IN

```
data = response.json()    ←  將傳回的資料解讀並存成字典

print(data['url'])        ←  用鍵從字典取出值 (圖片網址)
```

OUT

```
https://random.dog/d242b545-ad14-42c9-8671-1e368a9672f0.jpg
```

在瀏覽器自動打開網址

如果你想讓程式透過瀏覽器打開某網址, 比如上面服務傳回的路徑, 可用 Python 內建的 webbrowser 模組：

IN

```
import webbrowser

webbrowser.open(data['url'])
```

只要在前面的範例加入這兩行,
程式就會自動替你打開可愛的狗
狗圖片。(本圖為示意圖, 為小編
拍攝的照片)

10-2 解析網路服務的資料內容

我們介紹的第一個網路服務非常簡單, 但許多服務提供的資料會比這複雜得多。若要從中取出所需資訊, 你得先了解服務傳回了什麼東西, 這些資訊的組成方式為何。以下我們就以幾個例子循序漸進說明。

▌從回應的 JSON 文字取出所需資料

首先要看的網路服務, 是用來查詢歐元對世界各國主要貨幣的最新匯率, 由歐洲中央銀行提供 (https://exchangeratesapi.io/):

IN

```
import requests, pprint   ←── 匯入第 4 章提到的 pprint 模組

url = 'https://api.exchangeratesapi.io/latest'

response = requests.get(url)
data = response.json()

pprint.pprint(data)   ←────── 用 pprint 來印出字典
```

OUT

```
{'base': 'EUR',
 'date': '2020-08-06',
 'rates': {'AUD': 1.6492,
           'BGN': 1.9558,
           'BRL': 6.334,
           'CAD': 1.5748,
           'CHF': 1.0759,
           'CNY': 8.2325,
```

```
        'CZK': 26.202,
        'DKK': 7.45,
        'GBP': 0.90033,
        'HKD': 9.1786,
        ...
        'TRY': 8.5853,
        'USD': 1.1843,
        'ZAR': 20.7655}}
```

> **Tip** | 可以看到, 網路服務的網址不一定會以 .json 結尾。

你能看到轉換出來的字典包含三個鍵：base（來源貨幣）、date（匯率日期）以及 rates（匯率）。而 rates 所對應的值本身又是一個字典：

IN

```
data['rates']
```

OUT

```
{'CAD': 1.5748,
 'HKD': 9.1786,
 'ISK': 160.2,
 'PHP': 58.136,
 'DKK': 7.45,
 ...}
```

> **Tip** | 前面 pprint 模組會根據字典鍵的字母順序排序, 因此資料的印出順序會與前面不同。

若要取得歐元對某國貨幣的匯率, 你得先取出鍵 rates 的值, 然後緊接著取出匯率:

rates 的值本身又是一個鍵

IN
```
data['rates']['IDR']
```

OUT
```
17304.0
```

查詢歐元對印尼盾 (IDR) 匯率

在程式重複查詢服務並取回資料

有時你也許想重複查詢同一個網路服務, 不斷將最新結果印出來。這時我們可以搭配迴圈來達到目的。

下面我們要使用的是 World Time API (http://worldtimeapi.org/), 這是個能讓你查詢所在地時間的服務。

API

在網路上, 網路服務也常被稱為 **API** (Application Programming Interface, 應用程式介面)。這名稱聽來很專業, 但它的意思就是: 你可以在概念上把這些網址當成網路版的程式函式。

也就是說, 你的程式不只能呼叫編輯器所安裝套件的函式, 更能透過網路存取其他人撰寫的函式、取得世界各地的有用資料。

World Time API 服務會自動判斷你上網的所在地, 傳回對應地區的時間:

IN
```
url = 'http://worldtimeapi.org/api/ip'
data = requests.get(url).json()    ← 這裡我們將查詢和解讀
                                      JSON 的動作合併成一行
pprint.pprint(data)
```

OUT

```
{'abbreviation': 'CST',
 'client_ip': '220.xxx.xx.xx',
 'datetime': '2020-08-07T16:45:14.847410+08:00',    ← 所在地日期
                                                         與時間
 'day_of_week': 5,
 'day_of_year': 220,
 'dst': False,
 'dst_from': None,
 'dst_offset': 0,
 'dst_until': None,
 'raw_offset': 28800,
 'timezone': 'Asia/Taipei',
 'unixtime': 1596789914,
 'utc_datetime': '2020-08-07T08:45:14.847410+00:00',
 'utc_offset': '+08:00',
 'week_number': 32}
```

這次由 JSON 轉換出來的字典只有一層, 我們也很容易看出, 鍵『datetime』的值便是我們需要的資料：

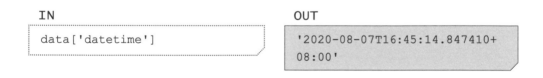

IN

```
data['datetime']
```

OUT

```
'2020-08-07T16:45:14.847410+
08:00'
```

> **Tip** | 這個日期與時間採用的是 ISO8601 格式。

不過, 這樣程式只查了一次時間, 你得手動重新執行程式才能知道新時間。我們可以進一步讓程式更自動化：

IN

```
import requests, time  ← 除 requests 外也匯入 Python 的 time 模組

url = 'http://worldtimeapi.org/api/ip'

while True:
    data = requests.get(url).json()
    print(data['datetime'])
    time.sleep(5)  ← 要程式等待 5 秒
```

OUT

```
2020-08-07T16:48:27.240366+08:00
2020-08-07T16:48:32.860445+08:00
2020-08-07T16:48:38.604968+08:00
2020-08-07T16:48:44.279526+08:00
2020-08-07T16:48:49.917804+08:00
2020-08-07T16:48:55.587546+08:00
2020-08-07T16:49:01.236126+08:00
2020-08-07T16:49:06.823629+08:00
```

若想停止程式, 按編輯器的停止鈕即可。

　　我們在程式裡放了個無窮迴圈 (見第 4 章), 它會不斷查詢並印出最新時間。但為何要讓迴圈每次都停頓 5 秒呢？因為一來我們不需要程式那麼密集印出時間, 二來要是過度密集查詢, 網路服務伺服器就可能無法負荷、傳回查詢失敗訊息, 那麼你的程式也就會出錯了。

▌確保網路服務有正確回應

　　但就算我們沒有過度密集存取網路服務, 它還是有可能因太多人使用、伺服器故障、網路纜線中斷等因素而暫時無法存取。

有個辦法可以在查詢服務時, 先檢查它有沒有正確回應, 若正常才做後續的資料解析：

IN

```
response = requests.get(url)

if response.status_code == requests.codes.ok:    ← 判斷服務是否
    data = response.json()                            正常回應
    print(data['datetime'])    ← 服務有回應時
                                   才取出資料
else:
    print('網路服務查詢失敗')
```

▍在查詢服務時使用參數

還有許多網路服務, 在存取它時需要提供一些參數。比如, 下面的服務 Sunset and Sunrise Times (https://sunrise-sunset.org/api) 可查詢特定經緯度位置當天的日出與日落時間, 這對於想觀賞或拍攝日出日落的人十分有用：

IN

```
url = 'https://api.sunrise-sunset.org/json?接下行
lat=22.753773&lng=121.166549'
                              ← ———— 台東市的經緯度
data = requests.get(url).json()
pprint.pprint(data)
```

OUT

```
{'results': {'astronomical_twilight_begin': '8:12:46 PM',
             'astronomical_twilight_end': '11:47:01 AM',
             'civil_twilight_begin': '9:08:35 PM',
             'civil_twilight_end': '10:51:11 AM',
             'day_length': '12:55:53',
```

```
                'nautical_twilight_begin': '8:40:59 PM',
                'nautical_twilight_end': '11:18:48 AM',
                'solar_noon': '3:59:53 AM',
                'sunrise': '9:31:57 PM',     ← 日出時間
                'sunset': '10:27:50 AM'},    ← 日落時間
   'status': 'OK'}
```

傳回的時間似乎不太對？其實該服務的網站有指出, 資料內所有時間都是世界協調時間 (UTC), 所以再加 8 小時才是台灣時間。以上面的回應為例, 台東市 (2020 年 8 月 14 日) 的日出為早上 5 點 59 分, 日落則是傍晚 6 點 27 分。

但經緯度是如何傳給網路服務的呢？答案是透過網址的參數：

語法

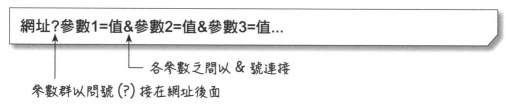

若觀察許多網站的網址, 你就會發現很類似的結構。比如, YouTube 的網址後面會有影片代碼：

語法

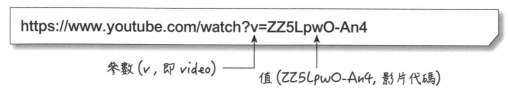

回頭來看日出日落查詢服務的網址, 可看出它會傳入緯度和經度兩個參數:

語法

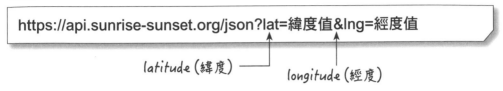

因此只要更改網址內的參數, 就能查到不同地點的日出日落時間:

IN

```
url = 'https://api.sunrise-sunset.org/json?lat=25.182464&lng=121.409398'
```

淡水漁人碼頭的經緯度

OUT

```
{'results': {'astronomical_twilight_begin': '8:06:49 PM',
            ...
            'sunrise': '9:27:58 PM',
            'sunset': '10:29:53 AM'},
 'status': 'OK'}
```

| Tip | 想查詢某地的經緯度, 例如淡水漁人碼頭, 只要打開 Google 地圖, 在要查的位置點右鍵然後選『這是哪裡?』即可。 |

給網址參數代入變數

假如覺得手動代入參數很麻煩, 可以把參數放進變數, 再以 f-string 字串格式化將參數放進網址:

IN

```
latitude = 52.286998          } 俄羅斯伊爾庫次克的經緯度
longitude = 104.286992        } (時區也是 GMT + 8)


url = f'https://api.sunrise-sunset.org/ 接下行
json?lat={latitude}&lng={longitude}'
```

用 f-string 帶入參數

OUT

```
{'results': {'astronomical_twilight_begin': '7:16:55 PM',
           ...
           'sunrise': '9:45:46 PM',      } 換算成 GMT + 8時
                                         } 區日出: 早上 5 點
           'sunset': '12:29:02 PM'},     } 45 分, 日落: 晚上
 'status': 'OK'}                         } 8 點 29 分
```

10-3 網路服務實用範例：
中央氣象局 36 小時天氣預報

在了解了如何以 requests 套件查詢網路服務並取回資料的方式後，下面我們就來看個更大型、想必也更實用的範例——查詢中央氣象局的 36 小時天氣預報。

▌取得服務網址

首先打開『氣象資料開放平臺』(https://opendata.cwb.gov.tw/index)，點選『開發指南』→『資料擷取 API 線上說明文件』：

在接著出現的畫面裡，點『一般天氣預報-今明 36 小時天氣預報』前面的『GET』按鈕：

出現的就是此服務的說明文件。點擊畫面右上方的『Try it out』：

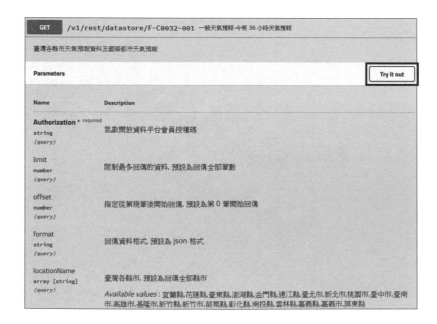

這時各參數下面會出現輸入框，我們可以選擇要填入的參數：

第一個參數 Authorization（授權碼）是必填的。你可以在氣象資料開放平台註冊會員並取得你自己的授權碼，或者使用『政府資料開放平台』提供的授權碼：

預設授權碼

rdec-key-123-45678-011121314

Tip	有許多網路服務（特別是收費的服務）為了控制流量或存取權限，會要求存取者加上授權碼，而授權碼通常得藉由註冊取得。

接著在 locationName（查詢地點）參數的選單中選擇一個縣市，免得等一下傳回的資料太多、會更難以處理。我們在此選擇『連江縣』（馬祖）為例。

以上參數準備就緒後，點一下畫面中的『Execute』（執行）鈕來測試服務，你便能看到服務呼叫的網址以及其傳回的結果：

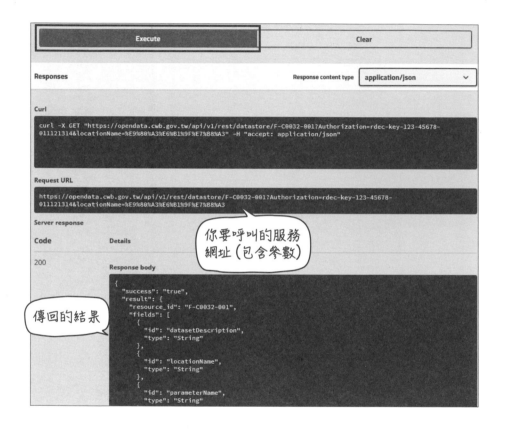

這表示我們呼叫的服務網址為：

服務網址

https://opendata.cwb.gov.tw/api/v1/rest/datastore/F-C0032-001?
Authorization=rdec-key-123-45678-011121314&locationName=%E9
%80%A3%E6%B1%9F%E7%B8%A3

參數 locationName 後面的那一串『亂碼』，就是『連江縣』三個中文字轉碼後的結果。你也可以把它改回正常中文：

服務網址

> https://...F-C0032-001?Authorization=rdec-key-123-45678-011121314&locationName=連江縣

之後只要更改該參數的值, 就能立刻查到其他縣市的天氣預報了。

▌了解服務傳回的 JSON 資料之結構

現在, 讓我們把前面得到的網址放進 Python 程式, 確認 requests 套件能順利取回一樣的結果：

IN

```
import requests, pprint

url = 'https://opendata.cwb.gov.tw/api/v1/rest/datastore/F-C0032-
001?Authorization=rdec-key-123-45678-011121314&locationName=連江縣'

data = requests.get(url).json()
pprint.pprint(data)
```

```
{'records': {'datasetDescription': '三十六小時天氣預報',
             'location': [{'locationName': '連江縣',
                           'weatherElement': [{'elementName': 'Wx',
                                               'time': [{'endTime': '2020-08-10 '
                                                                    '18:00:00',
                                                         'parameter': {'parameterName': '晴時多雲',
                                                                       'parameterValue': '2'},
                                                         'startTime': '2020-08-10 '
                                                                      '06:00:00'},
                                                        {'endTime': '2020-08-11 '
                            (中間省略)                                  '06:00:00'
                                                         'startTime': '2020-08-10 '
                                                                      '18:00:00'},
                                                        {'endTime': '2020-08-11 '
                                                                    '18:00:00',
                                                         'parameter': {'parameterName': '30',
                                                                       'parameterUnit': '百分比'},
                                                         'startTime': '2020-08-11 '
                                                                      '06:00:00'}]]},
```

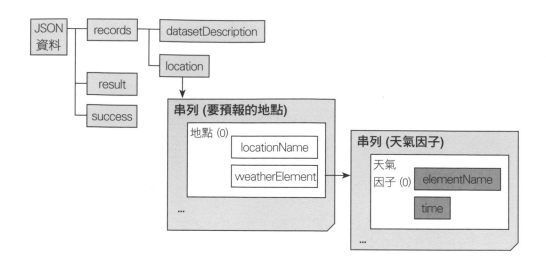

這次的結果就比較複雜了,但仔細觀察其階層,就不難理解資料的組成結構。

第一個得注意的是鍵 location 底下是個串列 (包在中括號 [] 內),裡面包含了一個以上地點的天氣預報資料。由於前面我們只選了一個地點,因此這串列只會有單獨一個元素 (索引 0)。

而在地點串列的這個元素裡頭,鍵 weatherElement 的值又是一個串列,包含各個天氣因子的實際資料:

串列索引	0	1	2	3	4
天氣因子 (鍵 elementName)	Wx	PoP	CI	MinT	MaxT
意義	天氣現象	降雨機率	舒適度	最低溫	最高溫

> **Tip** 假如你在前面的服務文件畫面,有篩選過要查詢的天氣因子,那麼它們對應的索引就可能會不同。

天氣串列元素的另一個鍵 time 的值則又是一個串列——裡面有 3 個元素, 分別代表該天氣因子未來不同時間點 (0 至 12 小時、12 至 24 小時、24 至 36 小時) 的預報：

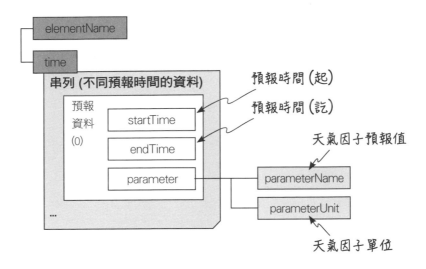

因此, 若我們想取得連江縣接下來 36 小時的**降雨機率**, 就要根據鍵與索引抓出正確的 time 串列：

IN

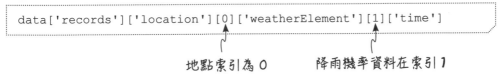

```
data['records']['location'][0]['weatherElement'][1]['time']
```

地點索引為 0　　　　降雨機率資料在索引 1

OUT

```
[{'startTime': '2020-08-10 06:00:00',
  'endTime': '2020-08-10 18:00:00',
  'parameter': {'parameterName': '20', 'parameterUnit': '百分比'}},
 {'startTime': '2020-08-10 18:00:00',
  'endTime': '2020-08-11 06:00:00',
  'parameter': {'parameterName': '30', 'parameterUnit': '百分比'}},
 {'startTime': '2020-08-11 06:00:00',
  'endTime': '2020-08-11 18:00:00',
  'parameter': {'parameterName': '30', 'parameterUnit': '百分比'}}]
```

至此你可以了解, 網路服務傳回的資料可能有比較複雜的結構, 但只要一層層往下存取, 就能順利取出你所需的資料。

走訪資料

現在我們了解了天氣預報的組成結構後, 便可以用迴圈來走訪這些資料, 印出讓人能更輕鬆看懂的結果:

IN

```
pop = data['records']['location'][0]['weatherElement'][1]['time']

for p in pop:    ← 走訪串列
    print('預報區間', p['startTime'], '~', p['endTime'])
    print('降雨機率:', p['parameter']['parameterName'] + '%')
    print()    ← 多空一行
```

OUT

```
預報區間 2020-08-10 06:00:00 ~ 2020-08-10 18:00:00
降雨機率: 20%

預報區間 2020-08-10 18:00:00 ~ 2020-08-11 06:00:00
降雨機率: 30%

預報區間 2020-08-11 06:00:00 ~ 2020-08-11 18:00:00
降雨機率: 30%
```

注意資料型別

要注意的是, 鍵 parameterName 取出的降雨機率值其實是字串 (從 JSON 取得的資料常常不會剛好合用)。此處我們只是在後面加一個百分比符號, 這樣沒什麼關係, 但若你要拿這資料來做運算, 就要記得先用 int() 或 float() 將它轉換成數值。

10-4 網路資料圖形化：
以地震震度統計為例

　　既然我們能從網路服務整理和使用資訊，當然也能將這些資料圖形化了。

　　本章的最後一個網路服務例子，為美國地質調查局的『地震災害計畫』監測服務 (https://earthquake.usgs.gov/earthquakes/feed/v1.0/geojson.php)，可讓我們查詢過去一段時間的全球地震數據。單純將地震資料列出來，很難看出這段時間發生地震的規模及次數分布，若能畫成長條圖或圓餅圖，應該就會更一目了然吧？

▌取出地震震度

　　首先，我們來看看地震服務傳回的資訊。下面這網址會傳回過去 7 天所有規模 2.5 以上的地震資訊：

IN

```
url = 'https://earthquake.usgs.gov/earthquakes/feed/v1.0/summary/
2.5_week.geojson'

data = requests.get(url).json()
pprint.pprint(data)
```

```
{'bbox': [-179.5524, -55.3528, -2, 178.7358, 78.5251, 586.91],
 'features': [{'geometry': {'coordinates': [-163.7844, 52.4736, 10],
                            'type': 'Point'},
               'id': 'us6000bdw6',
               'properties': {'alert': None,
                              'cdi': None,
                              'code': '6000bdw6',
                              'detail': 'https://earthquake.usgs.gov/earthquakes/feed/v1.0/detail/us6000bdw6.ge
                              'dmin': 2.047,
                              'felt': None,
                              'gap': 188,
                              'ids': ',us6000bdw6,',
                              'mag': 3.7,        ◀── 地震規模
                              'magType': 'mb',
                              'mmi': None,
                                          (以下略)
```

我們只想知道每個地震的規模。比如, 若要取得資料中第一筆地震的規模, 查詢方式如下:

IN

```
quakes = data['features']  ←─ 取出包含地震資料的串列
mag = quakes[0]['properties']['mag']  ←─ 取出第一筆地震資料的規模

print(mag)
```

OUT

```
3.7
```

█ 統計各種地震規模的數量

為了統計過去一周發生的地震規模, 我們將之分成五個群組, 並給予對應的名稱標籤, 好在稍後視覺化時能予以識別:

IN

```
quakes = data['features']
mag_label = ['未滿3級', '3~4級', '4~5級', '5~6級', '6級以上']  ←
mag_list = [0, 0, 0, 0, 0]  ←─ 記錄各震度群組數量的串列      震度的
                                                          『標籤』
for q in quakes:
    mag = q['properties']['mag']
                                                              ⬇
```

```
    if mag >= 6:
        mag_list[4] += 1
    elif mag >= 5:
        mag_list[3] += 1
    elif mag >= 4:
        mag_list[2] += 1
    elif mag >= 3:
        mag_list[1] += 1
    else:
        mag_list[0] += 1

print(mag_list)
```

走訪資料, 根據震度把
對應的串列元素加 1

OUT

```
[93, 83, 102, 28, 2]
```

同時運算和指派的運算式

在 Python 與許多其他語言中, x += 1 的寫法其實就等於 x = x + 1。當變數名稱比較長一點時, 這樣寫會更加簡潔。例如：myBalance = myBalance + 1 和 myBalance += 1, 哪個比較短？出於同理, x -= 1 是 x = x - 1；x *= 1 則等於 x = x * 1, 以此類推。

繪製長條圖與圓餅圖

我們將地震規模資料整理好後, 就可以用 matplotlib 套件將之繪製成長條圖與圓餅圖：

IN

```
import matplotlib.pyplot as plt
plt.rcParams['font.family'] = ['Microsoft JhengHei']
```

設定使用中文字型 (參見第 8 章)

```
plt.bar(mag_label, mag_list)  ←── 繪製長條圖
plt.show()
plt.pie(mag_list, labels=mag_label, autopct='%1.1f%%')
plt.show()
```

圓餅圖的資料在前　　標籤在後　　加上百分比標示

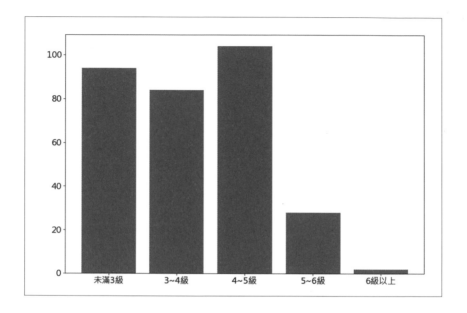

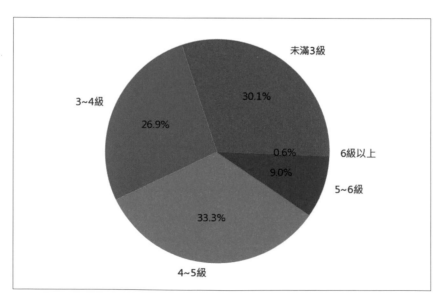

重點整理

0. **requests** 模組可用來在程式中取得並傳回特定網址的資源, 比如文字資料。

1. **網路服務**或 API 是個網址, 存取之後通常會以 **JSON** 格式提供資料 (但網址不一定是 .json 結尾)。

2. 取得 JSON 資料後, 你可用 json() 函式將之轉換成 Python 字典。只要知道資料的結構, 就能用鍵取出你想要的任何值, 甚至用迴圈走訪當中的串列。

3. 有些網路服務允許你傳入參數, 比如授權碼或經緯度。對某些需要認證權限的服務而言, 授權碼是必要的。

4. matplotlib 的 **bar()** 可繪製長條圖, **pie()** 則可繪製圓餅圖。

這幾年來, 你或許會聽到不少人把**機器學習**、**深度學習** (deep learning) 掛在嘴邊, 甚至把它們當成**人工智慧**的代名詞。這些到底是什麼東西, 彼此的關係又為何？

機器學習確實是人工智慧的一個分支, 但其本質起源於統計學, 目的是讓電腦分析資料 (做訓練) 後產生預測模型——讓機器自己學會做預測。記得第 8 章我們用 NumPy 來算出簡單線性迴歸模型吧？這個過程其實就是在做『機器學習』。沒有聽起來那麼難對吧？

至於深度學習, 這又是機器學習的一個分支, 簡單說就是加強版的機器學習演算法。近年由於圖形處理器 (GPU, 玩遊戲用的加速卡上有) 效能大躍進, 深度學習的表現也就大幅進步, 成為近年備受矚目的 AI 研究領域。

在 Python 的世界, 自然也有專門針對機器學習而設計的套件。這便是本書最後兩章要來介紹的厲害套件—— scikit-learn。甚至, 你無須懂艱深的數學, 就能輕鬆運用它來產生機器學習模型和預測資料。

Chapter

11

多元線性迴歸分析：
scikit-learn

在第 8 章, 我們介紹了簡單線性迴歸, 也就是以兩筆資料 X 和 Y 的關係來求出一條預測方程式。

然而在現實生活中, 影響資料的因素很可能不只一個——比如, 金價或許不只會受美元匯率影響, 歐元匯率、美國聯邦基本利率、石油價格、關稅乃至國際政治、軍事情勢, 都有可能改變黃金需求。

也就是說, 影響變數 Y 的因子會有 X_1, X_2, X_3... 等變數, 寫成方程式就會像下面這樣：

$$Y = A_1X_1 + A_2X_2 + A_3X_3 + ... + B$$

由於現在有多個變數, 這個模型就稱為**多元迴歸** (multiple regression) 或**複迴歸**。

多元線性迴歸模型的原理, 跟簡單線性迴歸是一樣的, 但 NumPy 並沒有提供這方面的功能。因此這裡我們要使用專為機器學習模型而設計的 Python 資料科學套件——**scikit-learn**。

11-0 使用 scikit-learn 並匯入測試資料集

為了讓各位更容易理解 scikit-learn 訓練模型的過程，我們先用 scikit-learn 提供的測試資料集作為範例。

這裡使用的『波士頓房價』資料集來自 Harrison, D. 與 Rubinfeld, D.L. 的 1978 年研究，分析空汙及其他居住條件對該市房價的影響。這個資料集有 506 筆資料，每筆資料有 14 個欄位：

欄位英文名稱	意義
CRIM	城鎮人均犯罪率
ZN	住宅用地超過 25000 平方呎 (702.5 坪) 的比例
INDUS	城鎮內非零售業商業用地的比例
CHAS	土地是否鄰近查爾斯河 (在河邊 = 1, 否則 = 0)
NOX	一氧化氮濃度
RM	住宅平均房間數
AGE	1940 年前建成的自用房屋比例
DIS	與波士頓五個就業中心地區的加權距離
RAD	與重要幹道的距離指數
TAX	每 10000 美元的全值不動產稅率
PTRATIO	城鎮師生比例
B	公式為 $1000 * (Bk - 0.63)^2$, 其中 Bk 指城鎮中的黑人比例 (按：此資料集源自種族主義更明顯的時代)
LSTAT	低下階級人口的比例
MEDV	自用住宅的房價中位數, 以千美元計

其中, 最後一個欄位 MEDV 就是我們想預測的房價, 而其他 13 欄位則是可能影響房價的因子。

取出自變數與應變數資料

上面這 13 欄資料, 便是迴歸模型中的 $X_1, X_2, X_3...$ 變數, 又稱為**自變數** (independent variable) 或**特徵值** (feature)。

至於 MEDV (迴歸模型中的 Y, 要預測的對象) 則稱為**應變數** (dependent variable) 或依變數。在預測模型中, 應變數又稱為**目標變數** (target variable) 或簡稱**目標** (target)。以下我們統一稱之為目標變數, 而目標變數的內容則稱為目標值。先來看看波士頓房價資料集印出來是什麼樣子 (只印出一筆):

| Tip | 若以下程式無法執行, 請參閱本章所附範例的替代程式碼。 |

IN

```
from sklearn import datasets

data = datasets.load_boston().data        ← 取出自變數欄位
target = datasets.load_boston().target    ← 取出目標變數欄位

print(data[0], target[0])  ← 印出索引 0 的資料來看看
```

OUT

```
[6.320e-03 1.800e+01 2.310e+00 0.000e+00 5.380e-01 6.575e+00 6.520e+01
 4.090e+00 1.000e+00 2.960e+02 1.530e+01 3.969e+02 4.980e+00] 24.0
```

以上數值對應到以下欄位:

欄位	CRIM	ZN	INDUS	CHAS	NOX	RM	AGE
值	0.00632	18	2.31	0	0.538	6.575	65.2
欄位	DIS	RAD	TAX	PTRATIO	B	LSTAT	**MEDV**
值	4.09	1	296	15.3	396.9	4.98	**24.0**

你也可以將所有資料印出來（雖然許多欄位與資料在顯示時會被省略）：

IN

```
print(data)
print(target)
```

```
[[6.3200e-03 1.8000e+01 2.3100e+00 ... 1.5300e+01 3.9690e+02 4.9800e+00]
 [2.7310e-02 0.0000e+00 7.0700e+00 ... 1.7800e+01 3.9690e+02 9.1400e+00]
 [2.7290e-02 0.0000e+00 7.0700e+00 ... 1.7800e+01 3.9283e+02 4.0300e+00]
 ...
 [6.0760e-02 0.0000e+00 1.1930e+01 ... 2.1000e+01 3.9690e+02 5.6400e+00]
 [1.0959e-01 0.0000e+00 1.1930e+01 ... 2.1000e+01 3.9345e+02 6.4800e+00]
 [4.7410e-02 0.0000e+00 1.1930e+01 ... 2.1000e+01 3.9690e+02 7.8800e+00]]
[24.   21.6 34.7 33.4 36.2 28.7 22.9 27.1 16.5 18.9 15.  18.9 21.7 20.4
 18.2 19.9 23.1 17.5 20.2 18.2 13.6 19.6 15.2 14.5 15.6 13.9 16.6 14.8
 18.4 21.  12.7 14.5 13.2 13.1 13.5 18.9 20.  21.  24.7 30.8 34.9 26.6
 25.3 24.7 21.2 19.3 20.  16.6 14.4 19.4 19.7 20.5 25.  23.4 18.9 35.4
 24.7 31.6 23.3 19.6 18.7 16.  22.2 25.  33.  23.5 19.4 22.  17.4 20.9
 24.2 21.7 22.8 23.4 24.1 21.4 20.  20.8 21.2 20.3 28.  23.9 24.8 22.9
 23.9 26.6 22.5 22.2 23.6 28.7 22.6 22.  22.9 25.  20.6 28.4 21.4 38.7
 43.8 33.2 27.5 26.5 18.6 19.3 20.1 19.5 19.5 20.4 19.8 19.4 21.7 22.8
 18.8 18.7 18.5 18.3 21.2 19.2 20.4 19.3 22.  20.3 20.5 17.3 18.8 21.4
 15.7 16.2 18.  14.3 19.2 19.6 23.  18.4 15.6 18.1 17.4 17.1 13.3 17.8
 14.  14.4 13.4 15.6 11.8 13.8 15.6 14.6 17.8 15.4 21.5 19.6 15.3 19.4
 17.  15.6 13.1 41.3 24.3 23.3 27.  50.  50.  50.  22.7 25.  50.  23.8
 23.8 22.3 17.4 19.1 23.1 23.6 22.6 29.4 23.2 24.6 29.9 37.2 39.8 36.2
 37.9 32.5 26.4 29.6 50.  32.  29.8 34.9 37.  30.5 36.4 31.1 29.1 50.
 33.3 30.3 34.6 34.9 32.9 24.1 42.3 48.5 50.  22.6 24.4 22.5 24.4 20.
 21.7 19.3 22.4 28.1 23.7 25.  23.3 28.7 21.5 23.  26.7 21.7 27.5 30.1
 44.8 50.  37.6 31.6 46.7 31.5 24.3 31.7 41.7 48.3 29.  24.  25.1 31.5
 23.7 23.3 22.  20.1 22.2 23.7 17.6 18.5 24.3 20.5 24.5 26.2 24.4 24.8
 29.6 42.8 21.9 20.9 44.  50.  36.  30.1 33.8 43.1 48.8 31.  36.5 22.8
 30.7 50.  43.5 20.7 21.1 25.2 24.4 35.2 32.4 32.  33.2 33.1 29.1 35.1
 45.4 35.4 46.  50.  32.2 22.  20.1 23.2 22.3 24.8 28.5 37.3 27.9 23.9
 21.7 28.6 27.1 20.3 22.5 29.  24.8 22.  26.4 33.1 36.1 28.4 33.4 28.2
 22.8 20.3 16.1 22.1 19.4 21.6 23.8 16.2 17.8 19.8 23.1 21.  23.8 23.1
 20.4 18.5 25.  24.6 23.  22.2 19.3 22.6 19.8 17.1 19.4 22.2 20.7 21.1
 19.5 18.5 20.6 19.  18.7 32.7 16.5 23.9 31.2 17.5 17.2 23.1 24.5 26.6
 22.9 24.1 18.6 30.1 18.2 20.6 17.8 21.7 22.7 22.6 25.  19.9 20.8 16.8
 21.9 27.5 21.9 23.1 50.  50.  50.  50.  50.  13.8 13.8 15.  13.9 13.3
 13.1 10.2 10.4 10.9 11.3 12.3  8.8  7.2 10.5  7.4 10.2 11.5 15.1 23.2
  9.7 13.8 12.7 13.1 12.5  8.5  5.   6.3  5.6  7.2 12.1  8.3  8.5  5.
 11.9 27.9 17.2 27.5 15.  17.2 17.9 16.3  7.   7.2  7.5 10.4  8.8  8.4
 16.7 14.2 20.8 13.4 11.7  8.3 10.2 10.9 11.   9.5 14.5 14.1 16.1 14.3
 11.7 13.4  9.6  8.7  8.4 12.8 10.5 17.1 18.4 15.4 10.8 11.8 14.9 12.6
 14.1 13.  13.4 15.2 16.1 17.8 14.9 14.1 12.7 13.5 14.9 20.  16.4 17.7
 19.5 20.2 21.4 19.9 19.  19.1 19.1 20.1 19.9 19.6 23.2 29.8 13.8 13.3
 16.7 12.  14.6 21.4 23.  23.7 25.  21.8 20.6 21.2 19.1 20.6 15.2  7.
  8.1 13.6 20.1 21.8 24.5 23.1 19.7 18.3 21.2 17.5 16.8 22.4 20.6 23.9
 22.  11.9]
```

data
（自變數）

target
（目標變數）

可以看到 scikit-learn 的資料集已經分開自變數和目標變數，取用上十分方便。但是，真實世界的報表要怎麼切開資料？稍後我們會再展示做法。

資料分割：訓練資料集與測試資料集

為了得到迴歸模型, 我們必須先用資料『訓練』它, 像我們在第 8 章中做過的那樣。

但光做訓練還不夠, 我們也得確定模型在預測新資料時也表現得一樣好。這就像你把考古題背得滾瓜爛熟, 但你不見得能順利應付全新的考題, 對吧？也就是說, 我們得找之前沒做過的題目來測試自己的考試能力。

因此, 我們一般會把訓練資料分割成**訓練集 (training set)** 和**測試集 (testing set)** 兩塊。前者是訓練用的『考古題』, 後者則是『模擬考題』。若模型對這兩者的預測能力差不多, 那麼把它拿去預測新資料時, 應該就能得到類似的穩定表現了。

在機器學習中, 訓練和測試模型的流程如下：

❶ 將資料分割成訓練集和測試集 (後者通常占 20% 到 25%)。

❷ 拿訓練集來訓練模型。

❸ 訓練完成後, 用模型對測試集的自變數資料來做預測, 然後跟測試集的實際目標變數比較看看。

在 scikit-learn 中, 有個功能可讓我們很快把資料切成訓練集和測試集：

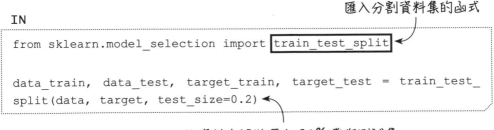

IN

```
from sklearn.model_selection import train_test_split

data_train, data_test, target_train, target_test = train_test_
split(data, target, test_size=0.2)
```

匯入分割資料集的函式

從資料中隨機選出 20% 當作測試集

訓練集 (80%)	測試集 (20%)
data_train (訓練集自變數)	data_test (測試集自變數)
target_train (訓練集目標變數)	target_test (測試集目標變數)

來檢視看看這些資料集裡面有多少項資料：

IN

```
print(data_train.shape)    ← 它們都是 ndarray, 用 shape
print(data_test.shape)        屬性會顯示陣列的維度
print(target_train.shape)
print(target_test.shape)
```

OUT

```
(404, 13)  ← 404 (筆資料) x 13 (個欄位)
(102, 13)  ← 102 x 13
(404,)     ← 404 筆
(102,)     ← 102 筆
```

可以看到訓練集和測試集差不多是 4:1 (80% 對 20%) 的比例。

驗證集

實務上, 機器學習訓練還會用到所謂的**驗證集 (validation dataset)**。當你要比較多個模型的預測能力, 或是單一模型在不同參數設定下的表現時, 就可以先用驗證集來選出最佳者。此外, 驗證集也可以確保模型沒有被過度訓練 (產生過度配適)。

但是, 驗證集要從哪邊取得？如果從訓練集再分割出資料, 可用於訓練的資料就會減少。因此 scikit-learn 採用所謂的『交叉驗證』(cross-validation) —— 將訓練集切成幾塊, 每次取一塊當『驗證集』, 其餘則是『訓練集』, 反覆訓練模型後算出平均分數。

當然在這本書裡, 我們不會用到交叉驗證, 但在較深入的課程就會提到這點。所以, 這邊就先讓各位稍微有個概念。

11-1 訓練並評估多元線性迴歸模型

▌使用訓練集產生模型

資料準備好後, 我們就能訓練迴歸模型了。做起來其實也非常簡單, 只要從 scikit-learn 匯入線性迴歸模型, 然後呼叫訓練功能即可:

IN

匯入 *scikit-learn* 的線性迴歸模型

```
from sklearn.linear_model import LinearRegression

regr_model = LinearRegression()     建立模型物件
regr_model.fit(data_train, target_train)     用訓練集來訓練模型
```

OUT

```
LinearRegression()
```

現在 regr_model 就是訓練好的 LinearRegression (線性迴歸模型) 了, 就這麼簡單。

▌產生測試集的預測目標值

模型訓練好後, 就換測試集上場了——我們要讓模型根據測試集的自變數來做預測, 看模型對測試集的預測能力是否跟訓練時差不多:

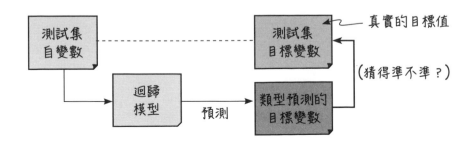

把測試集的自變數資料
套入模型, 產生預測值

IN

```
predictions = regr_model.predict(data_test)
print(predictions.round(1))    ← 印出預測值(四捨五入到小數第 1 位)
print(target_test)    ← 印出測試集真實的目標值
```

預測目標值

```
[35.9 16.6 28.4 35.2 13.3 22.8 13.6 13.  24.1 16.9 25.6  8.5 25.2 11.9
 25.6  0.1  7.8 22.5 30.5 13.7 16.5 17.9 28.8  7.9 23.1 20.3 25.3 20.8
 35.5 28.5 17.  18.9 24.2 24.8 22.1 17.7 29.6 15.7 31.4 25.3  2.9 29.
 16.6 20.  16.3 21.7 22.5 28.5 39.4 28.1 20.5 16.3 19.4 23.  15.2 31.
 18.9 32.6 29.8 29.4 27.7 25.1 24.  20.3 33.9 21.4 29.3 22.3 24.4 18.3
 43.1 20.2 29.9 17.3 21.6 27.  22.7 17.1 25.4 11.2 27.1  8.8 37.6 26.1
 28.9 18.7 40.6  3.1 16.3 17.9 19.  34.5 24.9 26.1 27.6 34.7 19.5 10.1
 31.  14.  13.2 22.4]
[36.5 19.1 25.  46.7 14.  19.6 15.6 13.5 23.4 14.9 19.4  8.7 29.8 16.3
 23.2 13.8  7.  19.8 37.  14.5 23.1 14.2 28.7  5.  22.9 16.8 21.6 21.7
 35.1 23.7 17.3 18.9 22.2 29.6 23.2 19.6 25.  14.1 29.9 50.   8.8 22.8
 18.6 16.7 17.5 18.9 25.  22.8 43.5 26.6 20.  20.  19.1 20.  14.9 29.
 15.2 27.  34.9 23.  24.5 20.7 18.9 24.1 50.  19.7 24.6 22.2 27.5 17.5
 50.  19.2 30.1 17.4 21.7 24.8 20.6 14.1 28.7 16.5 22.3 14.4 37.6 23.9
 22.  19.9 50.   8.1 13.8 22.5 18.3 35.4 24.7 23.3 23.9 35.2 27.1  6.3
 30.7 11.  17.2 20. ]
```

第 1 筆資料   真實的目標值

| Tip | 由於 train_test_split() 每次會隨機分割出不同的訓練集和測試集, 所以你看到的結果很可能會不同。 |

從上面的結果可以看到, 測試集第 1 筆資料真實的房價為 36.5, 而模型的預測值則為 35.9, 以此類推。看起來差距不大, 不過再往下看, 有些資料就差蠻多了。到底我們該如何評估預測模型的好壞呢？下面就來介紹幾種辦法。

11-2 評估模型的表現 (performance)

▌評估模型表現 1：決定係數

有很多統計指標可以用來評估模型的預測能力 (就是到底準不準), 當中最常用的叫**決定係數 (coefficient of determination, R^2)** 或判定係數：

訓練集的決定係數
(四捨五入到小數第 3 位)

IN

```
print(regr_model.score(data_train, target_train).round(3))
print(regr_model.score(data_test, target_test).round(3))
```

測試集的決定係數
(四捨五入到小數第 3 位)

OUT

```
0.744
0.722
```

決定係數的意思, 就是自變數資料對目標變數的**解釋能力**。上面的結果顯示, 模型在使用訓練集的自變數時, 可以解釋訓練集目標變數 74.4% 的變化, 而改用測試集時則能解釋目標值 72.2 % 的變化。這兩個值相當接近, 代表模型沒有被過度訓練。

對於**線性迴歸模型**來說, 第 8 章提到的相關係數 r 平方後剛好會等於決定係數 R^2。只不過這兩個數字的意義不同：相關係數代表的是資料之間的關聯度, 而決定係數代表自變數對目標變數的解釋力 (影響程度)。

決定係數要多高才算好？

決定係數 R^2 介於 0 到 1 之間, 越接近 1 代表模型的預測能力越好。但這個值究竟要多高才算有效？

這並沒有標準答案——在許多研究領域裡, 就算 R^2 落在 0.4 至 0.6 也被認為是有效的。假如你的模型已經將所有重要的變數納入考量, 那麼若 R^2 僅有 0.2, 模型仍然具有參考性。

反過來說, 若你不確定模型是否合適, 你是否漏掉了其他重要因素呢？模型中的某些變數是否影響不大？也許在修正模型、選擇更合適的變數後, 你就能提高模型的預測能力。

▍評估模型表現 2：殘差圖

另一個觀察模型預測能力的方式, 是透過所謂的**殘差圖 (residual plot)**, 從視覺化的角度看模型的預測能力。『殘差』即預測值跟實際值的差距——只要將所有殘差畫出來, 就能看出模型的預測效果有多好：

IN

```
import numpy as np
import matplotlib.pyplot as plt

x = np.arange(predictions.size)      根據資料數量產生
y = x * 0                            X 軸, Y 軸則為 0

plt.scatter(x, predictions - target_test)  ← 畫出殘差值
plt.plot(x, y, color='orange')  ← 畫出 y = 0 的基準線
plt.show()
```

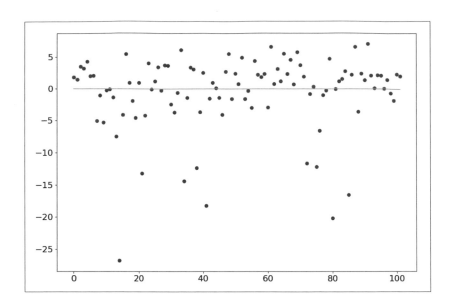

如果模型的預測能力越好, 那麼預測值就會越接近實際目標值, 使得這些散布的點更靠近 y=0 的水平線。假如你要比較不同模型的效能, 也可以拿它們的殘差圖做比較。

為什麼不畫出自變數跟目標變數本身的關係圖?

在第 8 章的簡單迴歸中, 自變數只有 1 個, 所以我們可以將自變數對目標變數的關係畫成二維圖表。但現在自變數有 13 個 (13 維), 想在二維圖表上畫出來當然沒辦法囉!

▌評估模型表現 3：平均絕對誤差

如果想把殘差值量化, scikit-learn 也提供了很多相關的指標。其中一個常用的叫做**平均絕對誤差 (mean absolute error, MAE)**, 意即預測值與實際值差距絕對值 (absolure value) 的平均。可想而知, 這個值越接近 0 表示差距越小預測能力越好。

scikit-learn 的 metrics 模組提供了 mean_absolute_error() 可計算兩組資料的 MAE 如下：

IN

```
from sklearn.metrics import mean_absolute_error
print(mean_absolute_error(target_test, predictions).round(3))
```

輸入目標值和預測值來算 MAE

OUT

```
3.296
```

取得模型的係數

最後, 若你想知道模型的各係數 (A_1, A_2, A_3... 與 B)、以便寫下模型的方程式, 你可以用以下程式碼來檢視：

IN

```
print(regr_model.coef_.round(2))     ← 各變數的係數 ($A_1$, $A_2$, $A_3$...)
print(regr_model.intercept_.round(2)) ← 截距 (B)
```

OUT

```
[-1.10e-01  5.00e-02  3.00e-02  3.19e+00  -1.89e+01  3.45e+00
1.00e-02  -1.48e+00  3.50e-01  -1.00e-02  -9.10e-01  1.00e-02
-6.00e-01]
39.45
```

這表示模型即為

MEDV = -0.11 × CRIM + 0.05 × ZN + 0.03 × INDUS + ... + 39.45

| Tip | 同樣的, 取決於 train_test_split() 分割出來的資料集的結果不同, 訓練出來的模型係數也會有些差距。 |

11-3 用真實世界的資料做迴歸分析：共享單車與天氣

就和第 9 章一樣, 你或許會想知道這個工具要如何應用在真實世界的資料。以下我們就來看個範例。

▎下載韓國首爾市的共享單車及氣象、假日資料

在此使用的資料集, 為韓國首爾市在 2017 至 2018 年每個小時記錄的共享單車租借次數, 外加各種氣象及季節、假日資訊 (這出自一份 2020 年 3 月研究都會區單車租用需求的論文)。我們可以來分析, 氣候與假日等條件對人們租借單車的意願有多大的影響。

資料集的下載網址如下, 請將這份檔案下載到電腦的『下載』資料夾中：https://archive.ics.uci.edu/ml/machine-learning-databases/00560/SeoulBikeData.csv

	A	B	C	D	E	F	G	H	I	J	K	L	M	N	O
1	Date	Rented Bi	Hour	Temperatu	Humidity(	Wind spee	Visibility	Dew point	Solar Radi	Rainfall(r	Snowfall (	Seasons	Holiday	Functioning Day	
2	01/12/201	254	0	-5.2	37	2.2	2000	-17.6	0	0	0	Winter	No Holida	Yes	
3	01/12/201	204	1	-5.5	38	0.8	2000	-17.6	0	0	0	Winter	No Holida	Yes	
4	01/12/201	173	2	-6	39	1	2000	-17.7	0	0	0	Winter	No Holida	Yes	
5	01/12/201	107	3	-6.2	40	0.9	2000	-17.6	0	0	0	Winter	No Holida	Yes	
6	01/12/201	78	4	-6	36	2.3	2000	-18.6	0	0	0	Winter	No Holida	Yes	
7	01/12/201	100	5	-6.4	37	1.5	2000	-18.7	0	0	0	Winter	No Holida	Yes	
8	01/12/201	181	6	-6.6	35	1.3	2000	-19.5	0	0	0	Winter	No Holida	Yes	
9	01/12/201	460	7	-7.4	38	0.9	2000	-19.3	0	0	0	Winter	No Holida	Yes	
10	01/12/201	930	8	-7.6	37	1.1	2000	-19.8	0.01	0	0	Winter	No Holida	Yes	
11	01/12/201	490	9	-6.5	27	0.5	1928	-22.4	0.23	0	0	Winter	No Holida	Yes	
12	01/12/201	339	10	-3.5	24	1.2	1996	-21.2	0.65	0	0	Winter	No Holida	Yes	
13	01/12/201	360	11	-0.5	21	1.3	1936	-20.2	0.94	0	0	Winter	No Holida	Yes	
14	01/12/201	449	12	1.7	23	1.4	2000	-17.2	1.11	0	0	Winter	No Holida	Yes	
15	01/12/201	451	13	2.4	25	1.6	2000	-15.6	1.16	0	0	Winter	No Holida	Yes	
16	01/12/201	447	14	3	26	2	2000	-14.6	1.01	0	0	Winter	No Holida	Yes	
17	01/12/201	463	15	2.1	36	3.2	2000	-11.4	0.54	0	0	Winter	No Holida	Yes	
18	01/12/201	484	16	1.2	54	4.2	793	-7	0.24	0	0	Winter	No Holida	Yes	
19	01/12/201	555	17	0.8	58	1.6	2000	-6.5	0.08	0	0	Winter	No Holida	Yes	
20	01/12/201	862	18	0.6	66	1.4	2000	-5	0	0	0	Winter	No Holida	Yes	

此資料包含超過 8700 筆資料, 每筆資料的欄位如下：

欄位	Date	Rented Bike Count	Hour	Temperature (°C)	Humidity (%)
意義	日期	單車租借次數 **(目標值)**	當天第幾小時	溫度 (攝氏)	濕度
欄位	Wind speed (m/s)	Visibility (10m)	Dew point temperature (°C)	Solar Radiation (MJ/m2)	Rainfall (mm)
意義	風速	能見度	露點溫度	陽光輻射量	降雨量
欄位	Snowfall (cm)	Seasons	Holiday	Functioning Day	
意義	降雪量	季節	是否為假日	單車服務是否可用	

匯入資料集到 pandas 的 DataFrame

pandas 套件的 DataFrame 容器是處理報表資料的好幫手, 因此我們在這同樣要用它來讀取跟整理資料 :

IN

```
import pandas as pd

df = pd.read_csv(r'C:\Users\使用者名稱\Downloads\SeoulBikeData.
csv', encoding='gbk', index_col=['Date'])

df
```

設定讀取時的編碼　設定 Date 欄位為索引

Date	Rented Bike Count	Hour	Temperature(攝)	Humidity(%)	Wind speed (m/s)	Visibility (10m)	Dew point temperature(攝)	Solar Radiation (MJ/m2)	Rainfall(mm)	Snowfall (cm)	Seasons	Holiday	Functioning Day
01/12/2017	254	0	-5.2	37	2.2	2000	-17.6	0.0	0.0	0.0	Winter	No Holiday	Yes
01/12/2017	204	1	-5.5	38	0.8	2000	-17.6	0.0	0.0	0.0	Winter	No Holiday	Yes
(中間省略)												No Holiday	
30/11/2018	584	23	1.9	43	1.3	1909	-9.3	0.0	0.0	0.0	Autumn	No Holiday	Yes

8760 rows × 13 columns

Tip ┃ pandas 在讀取報表時, 預設會使用 UTF-8 編碼, 但對於某些中文或亞洲語系的檔案會產生錯誤。這時你可指定編碼為 gbk 看看。

資料清理 (Data cleaning)

現實世界的資料, 並非像我們之前用 load_xxxx() 那樣一下載就立即可以使用的; 許多套件現成的資料集都是別人替我們準備好的, 但是現實世界並非如此。資料科學的工作, 有許多時間是花在資料的收集和清理上。在拿到資料集的第一時間, 我們先看看資料是否有殘缺或不適合的部分。

在這份資料中, 可發現當單車服務未開放 (欄位 Functioning Day 的值為 No) 時, 租用次數就會是 0。這時不管天氣狀況為何, 都不可能有人租單車的吧! 因此我們要篩選一下, 只保留單車有開放租用時的資料:

IN

```
data = df.copy()  ←── 先複製一份 DataFrame, 好保留原始資料
data = data[data['Functioning Day'] == 'Yes']←
                        將 Functioning Day 欄位的值為 Yes 的部分篩選出來
```

在這之後, 我們就不需要 Functioning Day 這個欄位了。因此我們可將這行資料去掉:

IN

```
data.pop('Functioning Day')
```

丟掉內含有 NaN 的資料

有時資料內會有真正的缺漏 (空白, 被 pandas 視為 NaN)。若你拿有缺漏的資料做多元迴歸分析, 會產生錯誤, 可用以下敘述將含有 NaN 的資料 (列) 全部去掉:

IN

```
data = data.dropna()
```

重新命名欄位名稱

此外, 你或許注意到有的欄位名稱有亂碼,是特殊字元存檔後造成的。你可以重新命名這些欄位名稱:

從報表複製包含
亂碼的欄位名稱

傳入一個字典, 鍵
是原本的名稱

值是欄位
的新名稱

```
IN
data = data.rename(columns={'Temperature(癈)': 'Temperature(*C)',
                'Dew point temperature(癈)': 'Dew point(*C)'})

data[['Temperature(*C)', 'Dew point(*C)']]    ← 用更改後的名
                                                稱查詢欄位
```

Date	Temperature(*C)	Dew point(*C)
01/12/2017	-5.2	-17.6
01/12/2017	-5.5	-17.6
01/12/2017	-6.0	-17.7
01/12/2017	-6.2	-17.6
01/12/2017	-6.0	-18.6
...	...	...
30/11/2018	4.2	-10.3
30/11/2018	3.4	-9.9
30/11/2018	2.6	-9.9
30/11/2018	2.1	-9.8
30/11/2018	1.9	-9.3

8465 rows × 2 columns

將文字的資料『編碼』為數字

接下來還有個問題, 就是資料集中有些資料是文字, 無法餵入迴歸模型做計算, 例如 Seasons (季節) 和 Holiday (當日是否為假日), 但這些欄位卻是重要的資料 (季節、假日也會影響人們租單車的意願)。要怎麼讓迴歸模型拿它們去計算呢？

答案是用**標籤編碼器 (label encoder)** 將交字資料變成對應的數字：

欄位 Seasons	編碼值	欄位 Holiday	編碼值
Spring (春)	0	Holiday (假日)	0
Summer (夏)	1	No Holiday (非假日)	1
Autumn (秋)	2		
Winter (冬)	3		

若改用數字來代表四季、假日和非假日, 迴歸模型就有辦法處理了。而我們可用 scikit-learn 提供的標籤編碼器來輕鬆完成這項任務：

IN

```
from sklearn.preprocessing import LabelEncoder  ← 匯入編碼器類別
le = LabelEncoder()  ← 建立編碼器物件
                              將欄位 Seasons 內容轉換成數值
data['Seasons'] = le.fit_transform(data['Seasons']) ←
data['Holiday'] = le.fit_transform(data['Holiday']) ←
                              將欄位 Holiday 內容轉換成數值
```

現在來檢視一下這兩欄的值, 看看轉換結果為何：

IN

```
data[['Seasons', 'Holiday']]
```

	Seasons	Holiday
Date		
01/12/2017	3	1
01/12/2017	3	1
01/12/2017	3	1
01/12/2017	3	1
01/12/2017	3	1
...	...	...
30/11/2018	0	1
30/11/2018	0	1
30/11/2018	0	1
30/11/2018	0	1
30/11/2018	0	1

8465 rows × 2 columns

抽出目標值

最後,我們要將目標值(單車租用次數)從資料集中抽離出來:

IN
```
target = data.pop('Rented Bike Count')
```

pop() 函式會將某欄位的資料從 data 物件內去掉,並傳給 target 變數。

pop() 和 dropna() 有何不同?

pop() 會根據指定的名稱刪除 (或抽出) DataFrame 中的一個欄,而 dropna() 會刪除一個列或一筆資料 (假如該筆資料中含有 NaN 值的話)。

如果你現在檢視 data 與 target 的內容,就會發現 data 的 Rented Bike Count 欄位不見了,同時該欄位的值已儲存到 target 了。

終於,一切準備就緒了,可以開始訓練迴歸模型囉!

開始訓練迴歸模型

接下來的做法, 就跟前面的波士頓房價資料一樣。我們在這裡重寫一次整個流程:

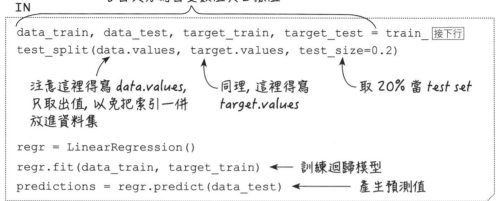

將資料分割成訓練集和測試集, 各自又分為自變數值與目標值

IN

```
data_train, data_test, target_train, target_test = train_ 接下行
test_split(data.values, target.values, test_size=0.2)
```

注意這裡得寫 data.values, 只取出值, 以免把索引一併放進資料集

同理, 這裡得寫 target.values

取 20% 當 test set

```
regr = LinearRegression()
regr.fit(data_train, target_train)    ← 訓練迴歸模型
predictions = regr.predict(data_test)  ← 產生預測值
```

評估預測成果

現在來驗收成果, 看看天氣與假日條件對租用單車究竟有多大的影響。先來看訓練集跟測試集的決定係數:

IN

```
print(regr.score(data_train, target_train).round(3))
print(regr.score(data_test, target_test).round(3))
```

OUT

```
0.538
0.552
```

兩個數字十分相近, 代表模型沒有過度訓練。不過, 這回決定係數都只有 50% 多, 代表模型只能解釋目標值的 50% 變化。但至少我們得知, 天氣以及假日因素確實能影響人們租用單車的部分意願。

▌結語

以上, 我們看到如何運用多元線性迴歸於真實資料, 訓練模型並評估其預測效果。

當然, 在線性迴歸之外, scikit-learn 也提供了好幾種非線性迴歸模型。事實上, 在研究首爾共享單車租借次數的那篇論文中[註], 就提到非線性模型可獲得更好的預測效果。等各位將來學習到其他機器學習模型時, 便能比較一下各模型的效果, 從中選出最合適的資料預測模型。

註 ： Sathishkumar V E & Yongyun Cho (2020): A rule-based model for Seoul Bike sharing demand prediction using weather data, European Journal of Remote Sensing; https://doi.org/10.1080/22797254.2020.1725789

重點整理

0. **scikit-learn** 是專為**機器學習 (machine learning)** 設計的 Python 資料科學套件。

1. **多元線性迴歸 (linear multiple regression)** 模型是使用多個自變數來預測目標變數。

2. 為了確保機器學習模型在訓練完成後對新資料也能有類似的預測效果，我們會使用 scikit-learn 的 train_test_split() 將資料集分割成**訓練集 (train dataset)** 及**測試集 (test dataset)**，並用測試集來測試模型的預測能力。

3. **LinearRegression()** 可用來建立多元線性迴歸模型。建立模型後，先以訓練集為參數執行 fit() 訓練它，再以測試集為參數執行 predict() 來產生測試集的預測值，以評估訓練成效。

4. **決定係數 (coefficient of determination, R^2)** 代表迴歸模型對目標變數的解釋能力，也就是預測能力。

5. **殘差圖 (residual plot)** 可讓你以視覺化方式檢視迴歸模型的預測值與真實目標值的差距。

6. 在對真實報表資料做迴歸分析時，可用 pandas 的 DataFrame 來清理資料、並將自變數與目標變數分開來。

7. **標籤編碼器 (label encoder)** 可將資料中有意義的非數值資料轉換成數字，以利做迴歸分析。

運用機器學習做分類 (classification) 預測及資料簡化

12-0 資料分類 (classification)

上一章, 我們介紹了如何使用 scikit-learn 機器學習套件來做多元線性迴歸分析。不過, 此套件也提供了很多機器學習演算法, 目的並不是用來預測數值, 而是要預測資料的**分類** (classification)。

舉個例：在 scikit-learn 中有個內建資料集, 記錄了以義大利某地區三種葡萄品種 Barolo、Grignolino 及 Barbera 所釀的酒, 共有 178 筆資料。此資料集中有以下 13 個自變數：

欄位	意義	欄位	意義
Alcohol	酒精	Nonflavanoid phenols	非黃酮類化合物
Malic acid	蘋果酸	Proanthocyanins	原花青素
Ash	灰分	Color intensity	色澤深度
Alcalinity of ash	灰分鹼度	Hue	色調
Magnesium	鎂	OD280/OD315 of diluted wines	葡萄酒稀釋後的吸光度比例
Total phenols	苯酚	Proline	脯胺酸
		Flavanoids	黃酮類化合物

除此以外, 資料集當中還有一個欄位, 其值為整數 0, 1 或 2, 代表 Barolo、Grignolino 或 Barbera 三類葡萄酒品種。這就是資料集的目標變數——三種葡萄酒的分類。對分類演算法而言, 目標變數又稱**標籤 (labels)**。

▌用機器學習來預測資料的分類

我們想要做的事, 就是用 13 個特徵資料來訓練機器學習模型, 使它之後看到一筆新資料就能夠『認出』這是用哪種葡萄釀的酒。

scikit-learn 套件提供了許多分類 (classification) 演算法或**分類器 (classifier)**, 本章會來看其中幾種最常用的。你甚至不須理解它們背後的數學原理——拜 scikit-learn 之賜, 這些模型運用起來, 就跟前一章的迴歸模型一樣簡單。

12-1 KNN(K 近鄰) 預測模型

　　第一個要介紹的模型稱為 **KNN** 或 **K 近鄰 (K-nearest neighbors)**, 這是機器學習中原理最簡單、但仍很好用的一種分類器。

　　當 KNN 要判斷新資料的分類時, 它會使用有點像是『三人行必有我師焉』的策略。我們得先指定一個 K 值 (近鄰數量), 在此假設是 3; 當我們把新的葡萄酒資料丟給 KNN 時, 它就會從資料集中當挑出 3 筆最相近的, 再用它們來判斷新資料屬於哪一類。

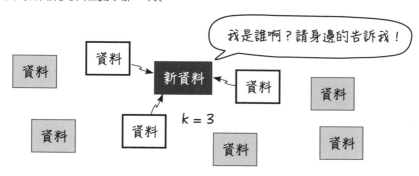

　　KNN 怎知哪 3 瓶酒和我們要測試的最接近呢? 它就是用每瓶酒的 13 個自變數資料來比對計算, 然後選出 3 瓶最接近的, 再看它們的標籤 (label) 標註的是什麼葡萄酒。假如這三筆最接近的資料中, 有有兩筆為用 Barolo 葡萄所釀的酒 (分類 0), 另外一筆則為 Barbera 葡萄所釀的酒 (分類 2), 那麼 KNN 就會判定新資料最有可能代表分類 0。

監督式學習

　　在葡萄酒資料集中, 葡萄酒的分類是由人類事先標記好的, 讓機器學習在訓練時當作參考。換言之, 這就像是拿附有解答的考古題給學生練習, 好培養他們將來應付正式考試的能力。

　　因此, KNN 也被稱為是一種**監督式學習 (supervised learning)** 演算法——這類機器學習模型需要人類監督 (提供標籤), 方能完成訓練。

▌匯入並分割資料集

下面我們就來看看 KNN 模型是如何建立的。

首先, 從 scikit-learn 匯入葡萄酒資料集, 並照上一章的方式把 80% 分割成訓練集、20% 當作測試集:

IN

```
from sklearn import datasets
from sklearn.model_selection import train_test_split

data, target = datasets.load_wine(return_X_y=True)   ← 載入葡萄酒
                                                        資料集

data_train, data_test, target_train, target_test = train_test_
split(data, target, test_size=0.2, random_state=0) ←
```

用 *random_state* 參數來固定分割結果

我們在前一章使用 train_test_split() 函式時, 它會隨機分割資料集, 但你可用 random_state 參數來固定分割結果;只要對 random_state 指定同樣的數字, 每次分割出來的資料集和預測結果就會相同。為解說方便起見, 本章的範例都會設定 random_state 參數。

▌建立 KNN 模型來預測分類

資料準備妥當後, 就能來建立 KNN 模型, 並針對測試集做預測:

IN

```
from sklearn.neighbors import KNeighborsClassifier  ← 載入 KNN
                                                       模型
knn = KNeighborsClassifier(n_neighbors=5)
knn.fit(data_train, target_train)  ← 設定訓練集

predictions = knn.predict(data_test)  ⎱ 預測
                                       ⎰ 目標值
print(predictions)
print(target_test)  ← 真實目標值
```

建立 KNN 模型, 指定
參數 n_neighbors (K
值或近鄰數量) 為 5

OUT

預測目標值

```
[0 1 1 0 1 1 0 1 1 1 0 1 0 2 2 1 0 0 1 0 1 0 2 1 0 1 1 1 2 2 0 0 1 0 0 0]
[0 2 1 0 1 1 0 2 1 1 2 2 0 1 2 1 0 0 1 0 1 0 0 1 1 1 1 1 1 2 0 0 1 0 0 0]
```

真實目標值

> **Tip** | 如果不指定 n_neighbors 參數, 預設會設為 5。

在印出的結果中可以看見, 大部分的值是相同的, 但也有些有所出入。我們一樣要問：怎麼知道模型的預測能力好壞呢？

懶惰演算法

KNN 有個比較特別之處：它其實並不需要訓練, 只有在預測資料 (呼叫 predict()) 時才會從資料中挑出 K 個近鄰來判斷。這有點像學生等到 open book 考試時才翻課本找答案。因此, KNN 也被稱為是『懶惰演算法』 (lazy algorithm)。

評估預測結果

和迴歸模型一樣, KNN 模型的 score() 函式會傳回模型的預測能力分數, 只不過以分類器來說, 這個數值會是**準確率(accuracy)**, 也就是預測正確的比率:

IN

```
print(knn.score(data_train, target_train).round(3))
print(knn.score(data_test, target_test).round(3))
```

OUT

```
0.789
0.806
```

對訓練集的預測準確率為 78.9%, 對測試集是 80.6%, 結果算是接近, 而且也不低。這樣很好, 因為若訓練集的分數特別高、測試集卻很低, 這就代表模型過度配適了。

如果想更了解模型中對每個分類的預測成效, 可用下面這個工具產生一個『報表』:

IN

```
from sklearn.metrics import classification_report  ← 載入報表工具

print(classification_report(target_test, predictions))
```

填入真實目標值和預測目標值

OUT

	precision	recall	f1-score	support
0	0.87	0.93	0.90	14
1	0.88	0.88	0.88	16
2	0.40	0.33	0.36	6

分類標籤

accuracy			0.81	36	準確率
macro avg	0.71	0.71	0.71	36	直接平均
weighted avg	0.79	0.81	0.80	36	加權平均

準確率 vs. 精準率 vs. 召回率

上面這份報表,其實便是從前一節的預測值／真實值推算出來的結果:

OUT

預測值與真實值有出入之處

可見 36 筆資料中, 有 7 筆預測錯誤、29 筆正確, 因此準確率為 29 / 36 = 0.80555... (80.6%)。

但報表中有 precision、recall、f1-score、support 四個欄位, 這代表什麼意思呢?

名稱	意義
precision (精準率)	當你預測資料為第 N 類時猜對的比例
recall (召回率)	在所有第 N 類的資料中, 正確被預測為第 N 類的比率
f1 score	精準率與召回率的調和平均數
support	資料分類為 N 的實際數量, 本例實際上第 0 類有 14 個、第 1 類有 16 個、第 2 類有 6 個

精準率 (precision) 和準確率 (accuracy) 的意義不同;準確率代表整體資料預測正確的比例, 以本例來說整體 36 筆資料有 29 筆正確被預測, 因此 accuracy 為 29/36 = 0.81。然而, 資料中有三個分類, 到底那一種葡萄品種被預測得最準呢?這時我們就可用精確率或召回率來看它們各別的預測效果。

以第 0 類 (Barolo 葡萄) 為例, 你能從它對應的 support 欄位看到, 它在測試集中占了 14 筆資料。然而, KNN 預測第 0 類的卻有 15 筆。相對的, 在這 14 筆資料裡, 有一個第 0 類的卻被誤判為第 2 類。

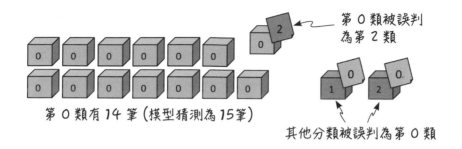

第 0 類有 14 筆 (模型猜測為 15 筆)

第 0 類被誤判為第 2 類

其他分類被誤判為第 0 類

這時我們就可以來看所謂的『精準率』與『召回率』, 這兩個指標能用不同角度檢視模型對某分類的預測效果:

> 精準率 = 模型猜測資料為第 N 類時, 有猜對的比率
> 召回率 = 實際是第 N 類的資料中, 有被正確猜出來的比率

因為, 模型猜測有 15 筆是第 0 類, 但這裡面只有 13 筆猜對, 故第 0 類的精準率為 13 / 15 = 0.8666... (87%)。

相對的, 屬於第 0 類的資料實際有 14 筆, 但只有 13 個被正確猜出, 於是其召回率為 13 / 14 = 0.9285... (93%)。

你可以這樣想:精準率著重的是『寧可漏抓一千, 也不錯抓一人』, 而召回率則著重『寧可錯抓一千, 也不漏抓一人』。哪個比較重要, 就取決於你的預測目的。

從前面的報表結果來看, 第 2 類的葡萄品種 (Barbera) 不管精準率或召回率都不高。當然, 猜錯酒的葡萄種類或許無所謂, 反正喝起來都一樣美味, 但假設你要預測的是酒駕人數呢? 高的召回率 (聞到酒氣就開罰) 也許能將酒駕者一網打盡, 但也會包括誤判結果 (只是吃了一口薑母鴨就被誤會喝酒)。相對的, 高的精準率 (酒測值高才開罰) 會留下漏網之魚, 但至少抓到的都是確實酒駕者。

當然, 對於某些預測, 你會希望這兩個指標都能達到夠高的水準。這時你用 **f1 score** ──它是精準率與召回率的調和平均數 (harmonic mean)。調和平均數是一種特殊的平均數計算法, 適用於計算速率、比率數值的平均。

▌如何找出最適合的 K 值?

由於 K 值 (近鄰數) 是使用者事先指定的, 你可能得多試幾種不同的 K 值, 看看準確率、精準率和召回率等分數, 才能判斷哪個 K 值可得到最佳結果。K 值設得太低或太高, 都有可能降低模型的預測能力。

在 scikit-learn 中, 其實有些辦法可以自動找出 KNN 的最佳 K 值, 但那就屬於更進階的題材, 有興趣者可自行進一步研究。

12-2 邏輯斯 (Logistic) 迴歸模型

邏輯斯迴歸 (Logistic Regression)：二分法分類器

接著要介紹的第二種常見分類器, 叫做**邏輯斯迴歸**。這個工具如今已被廣泛應用在各種領域, 例如：

● 預測病患是否有糖尿病、心臟病等疾病, 或者所受的創傷是否可能致命。

● 預測機器的零件在一年後是否會故障、道路是否會發生土石流或崩塌。

● 預測一個人是否會投票給某政黨、是否願意購買某商品或訂閱服務、是否會拖延繳交房貸等等。

但是... 邏輯斯『迴歸』和線性迴歸有何關係？

其實, 邏輯斯迴歸就像線性迴歸那樣, 會以自變數來算出目標值。差別在於, 在邏輯斯迴歸中, 預測值會介於 0 ~ 1 之間, 它的值可當成出現某分類的機率, 讓模型能用來判斷資料的分類。

這要怎麼做到呢？我們來稍微解釋一下它是怎麼運作的 (但不會討論到數學原理)。

邏輯斯迴歸如何分類

前面的 KNN 模型, 是直接計算自變數的差距來判斷新資料分類。而邏輯斯迴歸模型會使用一個『邏輯斯函數』(logistic function, 跟第 2 章的邏輯判斷無關), 將資料的自變數丟入這函數來算出目標值 (介於 0 到 1), 目標值愈接近 1 則愈可能屬於該分類。邏輯斯函數的曲線如下圖所示：

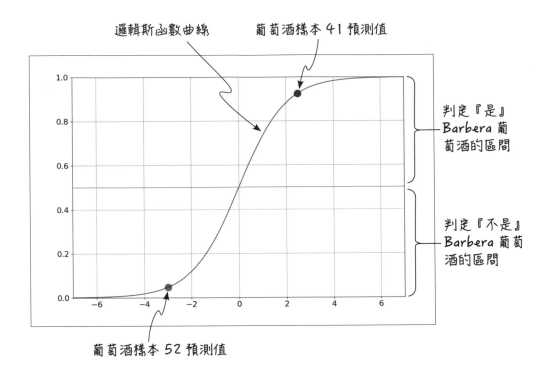

邏輯斯函數曲線　　　葡萄酒樣本 41 預測值

判定『是』
Barbera 葡
萄酒的區間

判定『不是』
Barbera 葡萄
酒的區間

葡萄酒樣本 52 預測值

　　邏輯斯迴歸是個『二分法』分類器, 它只能判定資料『是或不是』屬於
某分類。上圖以判斷是否為 Barbera 為例, 葡萄酒 41 號的預測值 (右上點) 在
Y 軸接近 1, 因此模型會判定它確實是 Barbera; 葡萄酒 52 號 (左下點) 則接近
0, 所以不是 Barbera。

　　也就是說, 邏輯斯迴歸很巧妙的利用邏輯斯函數來做二分法。只要看算
出來的值大於還是小於 0.5 就行了。

　　不過我們的資料集有 3 種葡萄品種分類, 那該怎麼判定呢? 其實, 只要對
每一種葡萄品種各做一次預測, 就能知道資料究竟屬於哪類。scikit-learn 的
邏輯斯迴歸模型會自動把資料拿去對每一種葡萄做預測, 看在哪個分類得到
的預測值最接近 1。這樣一來, 邏輯斯迴歸也能針對多重 label 做預測了 (見
下頁的 OUT)。

訓練邏輯斯迴歸模型並預測資料

　　我們接著就來看看, 用邏輯斯迴歸模型來預測葡萄酒的品種分類, 跟 KNN 相比有何差異。第一步自然是匯入並分割資料集:

IN

```
data, target = datasets.load_wine(return_X_y=True)

data_train, data_test, target_train, target_test = train_  接下行
test_split(data, target, test_size=0.2, random_state=0)
```

接著匯入邏輯斯迴歸模型, 訓練後印出對測試集目標值的預測:

IN

```
from sklearn.linear_model import LogisticRegression ←  載入邏輯斯迴歸模型 (別和前一
                                                        章的 LinearRegression 搞混)
log_model = LogisticRegression()
log_model.fit(data_train, target_train)
predictions = log_model.predict(data_test) ←  預測目標值

print(predictions)
print(target_test)
```

建立邏輯斯迴歸模型物件

OUT

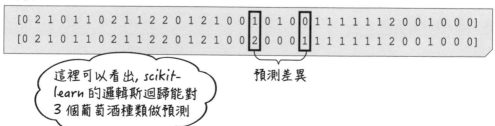

[0 2 1 0 1 1 0 2 1 1 2 2 0 1 2 1 0 0 **1** 0 1 0 **0** 1 1 1 1 1 2 0 0 1 0 0 0]
[0 2 1 0 1 1 0 2 1 1 2 2 0 1 2 1 0 0 **2** 0 0 0 **1** 1 1 1 1 1 2 0 0 1 0 0 0]

這裡可以看出, scikit-learn 的邏輯斯迴歸能對 3 個葡萄酒種類做預測

預測差異

在訓練邏輯斯迴歸模型時, 你可能會看到螢幕上出現類似下面的警告訊息:

OUT

```
C:\Users\Admin\anaconda3\lib\site-packages\sklearn\linear_model\_
logistic.py:762: ConvergenceWarning: lbfgs failed to converge
(status=1):
STOP: TOTAL NO. of ITERATIONS REACHED LIMIT.

Increase the number of iterations (max_iter) or scale the data as
shown in:
    https://scikit-learn.org/stable/modules/preprocessing.html
Please also refer to the documentation for alternative solver
options:
    https://scikit-learn.org/stable/modules/linear_model.
html#logistic-regression
  n_iter_i = _check_optimize_result(
```

看到這個不必緊張, 這是在說模型『迭代』(iterate) 或訓練的次數不夠, 算出的還不是最佳解。下一節我們就會講解這是什麼意思, 以及該如何解決。

我們在第 3 章稍微提過迭代, 當時是指迴圈從容器依次取出值的過程。在此迭代指的是模型一次次的訓練過程 (訓練一次即迭代一次)。

評估預測成效

接著, 印出模型的準確率、精準率及召回率指標, 看看預測成效如何:

IN

```
print(log_model.score(data_train, target_train).round(3))
print(log_model.score(data_test, target_test).round(3))
```

OUT

```
0.986
0.917
```

IN

```
from sklearn.metrics import classification_report
print(classification_report(target_test, predictions))
```

OUT

	precision	recall	f1-score	support
0	0.93	0.93	0.93	14
1	0.93	0.88	0.90	16
2	0.86	1.00	0.92	6
accuracy			0.92	36
macro avg	0.91	0.93	0.92	36
weighted avg	0.92	0.92	0.92	36

預測準確率明顯比 KNN 高多了！這顯示邏輯斯迴歸比 KNN 更適合用來預測葡萄品種資料集的分類。

挑選演算法：天生我材必有用

不過, 上面不是在說 KNN 表現就一定比較差——以第 9 章介紹過的鳶尾花資料集來說 (該資料集的目標值即為三種鳶尾花), 使用 KNN 就能達到很高的預測準確率。

各位在實際分析資料集時, 可以試著套用不同的模型看看, 才知道哪種模型適合分析你手頭的資料。

12-3 改善邏輯斯迴歸模型

以邏輯斯迴歸（以及其他某些分類模型）來說，有些技巧可以改善模型的整體預測能力。

12-3-0 增加迭代次數

在前一節訓練邏輯斯迴歸時，我們看到編輯器出現警告訊息，説模型因迭代次數不足而找不到最佳解。這是因為邏輯斯迴歸模型預設的最大迭代次數只有 100 次。

解決辦法是在建立模型時，以 max_iter 參數指定更大的最大迭代次數：

IN

```
log_model = LogisticRegression(max_iter=10000)
```

改成最多可迭代一萬次

現在重新執行程式，應該就不會出現警告訊息了。

假如你想看看模型的實際迭代次數或詳細運算過程，可以進一步將 verbose 參數設為 True。要注意這些訊息不會印在 Jupyter Notebook 編輯器中，而是在背景執行的終端機（也就是你啟動編輯器時，出現在桌面上的黑色視窗中）：

IN

```
log_model = LogisticRegression(max_iter=10000, verbose=True)
```

```
At iterate 2350    f=  9.34602D+00    |proj g|=  8.10677D-01
At iterate 2400    f=  9.34497D+00    |proj g|=  3.09148D-01
At iterate 2450    f=  9.34464D+00    |proj g|=  1.10360D+00
At iterate 2500    f=  9.34452D+00    |proj g|=  1.98257D+00
At iterate 2550    f=  9.34416D+00    |proj g|=  1.77219D+00
At iterate 2600    f=  9.34360D+00    |proj g|=  7.61691D-01

            * * *

Tit   = total number of iterations
Tnf   = total number of function evaluations
Tnint = total number of segments explored during Cauchy searches
Skip  = number of BFGS updates skipped
Nact  = number of active bounds at final generalized Cauchy point
Projg = norm of the final projected gradient
F     = final function value

          * * *

   N    Tit     Tnf  Tnint  Skip  Nact      Projg         F
  42   2638    2967      1     0     0   1.397D-02    9.343D+00
 F =   9.34340453959338

CONVERGENCE: REL_REDUCTION_OF_F_<=_FACTR*EPSMCH
```

　　重新訓練模型後，終端機的訊息指出實際的『總迭代次數』（Tit, Total iteration）為 2638 次，所以設為一萬次綽綽有餘。來看這回模型的預測準確率有無改變：

IN

```
print(log_model.score(data_train, target_train).round(3))
print(log_model.score(data_test, target_test).round(3))
```

OUT

```
0.993
0.972
```

由此可見，只要讓邏輯斯迴歸有足夠的迭代次數，訓練出來的模型預測準確率就可能提高。

> **Tip** ┃ 記得重新執行 12-12 頁的 log_model.fit() 和 log_model.predict() 才能得到新的預測結果哦！

12-3-1 資料標準化 (standardization)

第二個增進模型效能的手段, 叫做**資料標準化**亦稱為**正規化**——簡單地說, 標準化會把所有自變數欄位的資料按比例調整, 使其平均數都變成 0、標準差變為 1。如此調整後的資料, 對模型而言會更容易處理, 有可能減少訓練時間和進一步提高預測能力。

標準化的效果

聽來很抽象, 但資料標準化的效果究竟是什麼樣子? 來看個例子:

資料 1	10	20	30	40	50
資料 2	500	1000	1500	2000	2500

這兩筆資料的範圍明顯不同, 但若對它們做標準化, 就會變成下面這樣:

資料 1	-1.41421356	-0.70710678	0	0.70710678	1.41421356
資料 2	-1.41421356	-0.70710678	0	0.70710678	1.41421356

兩筆不同的資料變得一模一樣了。我們接著來計算轉換過的資料的平均數與標準差:

IN

```
import numpy as np
data_std = np.array([-1.41421356, -0.70710678, 0, 0.70710678,
1.41421356])

print(data_std.mean().round(3))
print(data_std.std().round(3))
```

OUT

```
0.0  ◄── 標準化後的平均數
1.0  ◄── 標準化後的標準差
```

我們可以在分割資料集之前,先對所有自變數資料做標準化:

IN

```
from sklearn.preprocessing import StandardScaler

sc = StandardScaler()
data_std = sc.fit_transform(data)  ← 將自變數資料標準化

data_train, data_test, target_train, target_test = train_ 接下行
test_split(data_std, target, test_size=0.2, random_state=0)
```

└── 使用標準化資料來分割資料集

先將資料標準化再拿給 train_test_split() 分割, 再訓練邏輯斯迴歸模型 (也就是將 12-12 頁的程式再跑一次), 最後再用 score() 評估成效:

IN

```
print(log_model.score(data_train, target_train).round(3))
print(log_model.score(data_test, target_test).round(3))
```

OUT

```
1.0
1.0
```

哇!不管是訓練集還是測試集, 準確率都提高到 100% 了。

若你在建立模型時有加入 verbose 參數的話, 會發現這回只需迭代 26 次, 執行時間也從將近 1 秒降到 0.1 秒以下。

不是所有模型都適合套用標準化!

不過, 可就別因此一股腦地把資料標準化套用到所有預測模型。比如, 本章前面介紹的 KNN 得根據資料的原始實際值來做預測——若先做了標準化, 資料就失去參考性了。

12-4 主成分分析 (PCA)：
減少需分析的變數

前面我們介紹了 KNN 和 Logistic 兩個分類模型, 不過不是所有機器學習演算法都是用來做迴歸或分類預測。還有一類演算法, 其目的是用來減少資料自變數 (即 feature, 特徵值) 的數量或複雜度——而其中一種就是這裡要介紹的**主成分分析 (principal component analysis)**, 簡稱為 **PCA**。

什麼是主成分分析？用最簡單的方式來說, 就是分析自變數, 看資料集中哪些自變數的變異程度最明顯。畢竟, 若某變數 (特徵值) 的變異程度總是很小, 它對目標值可能影響不大、甚至可以忽略, 那這個自變數就不用納進來當分類或迴歸的依據。

要是資料集的變數非常多、數據量也大, 主成分分析可以大大減少要處理的資料量, 讓模型能更快訓練完畢, 但預測能力仍能維持在差不多的水準。

下面, 我們便來舉個例子。

特徵值很多的手寫數字圖片資料集

為了展示 **PCA** 能如何簡化資料, 我們要使用 scikit-learn 內建的手寫數字資料集。這份資料源自 1995 年的研究, 是 43 位受測者手寫數字的 8 x 8 像素掃描檔, 共有 1797 筆資料：

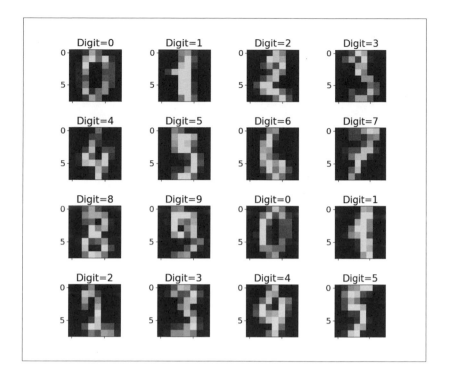

資料集當中每張圖片是由 8 x 8 像素的數值陣列組成, 每個陣列元素的值代表圖片中一個像素的深淺度, 其值在 0 ~ 16 之間。

為何手寫數字的像素值是 0~16？

一般來說, 圖像的像素值範圍會是 2 的次方, 比如 JEPG 的紅綠藍三色都是介於 0~255 的數字 (因此共 256 或 2^8 種顏色)。

這麼說來, 為何這個手寫數字資料集的像素值是 0~16 而不是更合理的 0~15 (即 2^4)? 這也只是當初這些數字的掃描影像經過處理後, 剛好必須用 17 個數值才能儲存足夠的資訊, 就變成這樣囉。

下面是其中一個數字 7 的原始資料：

	0	1	2	3	4	5	6	7
0	0	0	7	8	13	16	15	1
1	0	0	7	7	4	11	12	0
2	0	0	0	0	8	13	1	0
3	0	4	8	8	15	15	6	0
4	0	2	11	15	15	4	0	0
5	0	0	0	16	5	0	0	0
6	0	0	9	15	1	0	0	0
7	0	0	13	5	0	0	0	0

由 8 x 8 = 64 個像素組成一張
影像, 每個像素值介於 0~16

可以看到, 每個元素會以介於 0 到 16 的整數代表筆跡的深淺程度。換言之,
每張圖有 64 個像數值, 也就是 64 個變數或特徵值。而每筆資料的目標值或
標籤, 當然就是該圖所代表的數字了 (例如：7)。

用線性支援向量機建立預測模型

這一次我們要介紹另一個在現實世界被廣泛運用的模型, 叫做**支援向量
機 (support vector machine, SVM)**。我們會用 SVM 來訓練經過 PCA 簡化之
前和之後的資料, 看看前後的差異。

支援向量機 SVM

支援向量機做分類的方式比較難解釋, 但基本上它是在多維的空間對資料做區隔分類, 它會在資料之間劃出一個『分界區』, 好判定『資料究竟屬於標籤 A 或 B』? 要是一開始劃不出分界區, 它還能用些特殊的方式來分開資料 (本書不深入討論)。

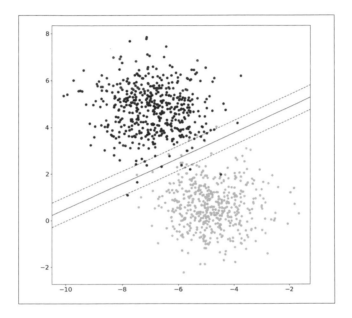

當然, 支援向量機還細分成許多更強的模型, 這裡我們用的是最簡單的『線性支援向量機』(Linear SVM)。顧名思義, 這種 SVM 的分界線就如上圖是線性的。

首先, 我們匯入手寫數字資料集、將之標準化, 然後分割成訓練集與測試集:

IN

```
sc = StandardScaler()
data_std = sc.fit_transform(data)

data_train, data_test, target_train, target_test = train_  接下行
test_split(data_std, target, test_size=0.2, random_state=42)
```

接著把資料丟給線性支援向量機訓練, 並看看其預測準確率:

IN

```
from sklearn.svm import LinearSVC   ← 匯入模型

svc = LinearSVC(max_iter=10000)   ← 建立模型, 設定最大迭代次數為一
svc.fit(data_train, target_train)      萬次, 並在終端機輸出訓練過程
predictions = svc.predict(data_test)

print(svc.score(data_train, target_train).round(3))
print(svc.score(data_test, target_test).round(3))
```

OUT

```
0.995
0.956
```

結果蠻不錯的, 線性支援向量機可達到至少 95% 以上的準確率。

▍檢視特徵值的變異程度

現在, 我們想知道的問題是:PCA 能將手寫數字集簡化到什麼程度呢? 你能否只用 8 x 8 圖片的一部分 (也就是少於 64 個像素), 就能準確預測手寫 數字?

為了得知手寫數字集中所有特徵的變異程度, 我們可用 PCA 來檢視每個 變數的變動量所占的比率:

IN

```
from sklearn.decomposition import PCA

pca = PCA()
pca.fit(data)   ← 填入整個自變數資料        顯示各變數所占的
                                          變異度比率 (四捨五
                                          入到小數第 3 位)
print(pca.explained_variance_ratio_ .round(3)) ←
```

OUT

```
[0.149 0.136 0.118 0.084 0.058 0.049 0.043 0.037 0.034 0.031 0.024 0.023
 0.018 0.018 0.015 0.014 0.013 0.012 0.01  0.009 0.009 0.008 0.008 0.007
 0.007 0.006 0.006 0.005 0.005 0.004 0.004 0.004 0.003 0.003 0.003 0.003
 0.003 0.002 0.002 0.002 0.002 0.002 0.002 0.001 0.001 0.001 0.001 0.001
 0.001 0.    0.    0.    0.    0.    0.    0.    0.    0.    0.    0.
 0.    0.    0.    0.    ]
```

畫面上出現 64 個數值，由大至小排列：0.149、0.136、0.117... 這表示在所有變數中，變異最大的占總變異量 14.9%，第二個占 13.6%，第三個則占 11.7%... 而後面的數值越來越小，直到逼近 0。

　　要注意的是，這裡的數值已經照大小排序過，不代表真正的像素位置。我們不知道變異占 14.9% 的像素是哪一個──這對預測模型來說其實也不重要，畢竟像素的位置只會對人類有意義。

用 PCA 篩選特徵值

　　現在，我們就來用 PCA 篩選變數吧！假設我們希望 PCA 在篩選變數後，總變異程度能保留原本資料的 85%，可以使用如下的方式：

IN

```
pca = PCA(n_components=0.85)  ← 設定保留 85% 變異程度
pca.fit(data)  ← 讓 PCA 篩選變數
print(pca.explained_variance_ratio_.round(3)) ←
```

印出篩選後的變異程度比率

OUT

```
[0.149 0.136 0.118 0.084 0.058 0.049 0.043 0.037 0.034 0.031 0.024 0.023
 0.018 0.018 0.015 0.014 0.013]
```

注意現在印出的值只有 17 個，僅有原本的三分之一不到！這表示，我們或許只需要手寫數字圖片的三分之一，就能做出跟之前差不多的預測效果了。聽起來是不是很神奇？

其實，這可能也不意外——手寫數字圖片的周圍通常是空白（沒有筆跡）的，將這些空白像素去掉的影響並不大。

手動決定要篩選的變數數量

如果你給 n_components 參數指定一個大於 1 的數字 N，那麼 PCA 就會從所有變數中選出前 N 個變異程度最大的：

```
IN
```

```
pca = PCA(n_components=10) ←── 選出前 10 個變異程度最大的變數
```

這種減少變數或特徵數量的過程，也稱為**降維 (dimension reduction)**。若你把特徵想成空間的維度（比如 4 個變數就是 4 維空間），這樣想就懂了。也就是說，這裡我們等於是把 64 維度的資料減少到 17 維。

乍看之下，這麼做似乎沒什麼差別，直接用原始資料不是更好？但請記得，現實世界的資料往往比這龐大許多。比如，你想分析 1600 萬像素手機拍的照片，大約是 4600 x 3480 像素的彩色圖片，每個像素有紅綠藍三色，因此每張圖的變數就會高達 4600 x 3480 x 3 = 前 4800 萬個。這時若能明顯減少變數量，就能節省可觀的訓練時間了。

非監督式學習

PCA 演算法能夠判斷自變數的變異度並篩選之，卻不需要知道每筆資料的分類(比如代表哪個數字)為何。因此，相較於前面的 KNN 和邏輯斯迴歸，PCA 被稱為是**非監督式學習 (unsupervised learning)** 演算法。

當然，本節用來做預測的支援向量機，得用到由人類準備好的標籤資料，因此是屬於監督式學習演算法。

▌拿簡化過的資料來訓練模型

現在, 請在 12-22 頁的程式做如下修改：

IN

```
pca = PCA(n_components=0.85)  ◀── 只保留前 85% 變異度的自變數
data_pca = pca.fit_transform(data)  ◀── 使用 PCA 篩選資料 (注意
                                         這裡呼叫的函式名稱)
sc = StandardScaler()
data_pca_std = sc.fit_transform(data_pca)  ◀── 對資料做標準化

data_train, data_test, target_train, target_test = train_  接下行
test_split(data_pca_std, target, test_size=0.2, random_state=0)
```

> **Tip** 為什麼 PCA 分析得在標準化之前進行？因為資料標準化後, 其變異程度就改變了, 拿來做 PCA 自然便失去篩選的依據。

接下來訓練模型的流程, 就和前面一樣了 (請自行重新跑一次)。最後來看看用簡化的資料得到的預測準確率是多少：

OUT

```
0.963
0.956
```

由此可見, 就算只用三分之一不到的原始像素, 支援向量機仍能達到 95% 以上的預測準確率, 可見 PCA 的效益是值得的。

此外, 若你在 LinearSVC() 加入 verbose=True 參數, 並觀看終端機內輸出的訓練過程訊息, 就會發現原本支援向量機的迭代次數約在 1200 至 1300 次上下, 但在使用 PCA 之後減少到 500 次上下。也就是說, 資料簡化之後, 訓練時間也變成一半不到了。

尾聲：機器學習之路

在 scikit-learn 套件中, 其實還有非常多類型的機器學習演算法 (迴歸模型、分類器或其他的資料簡化工具) 等著各位去發掘。不過, 你現在應該曉得, 憑著簡單易用的 Python 語言及其資料科學套件, 接觸機器學習並沒有那麼難吧!

人工智慧其實就建立在類似的原理上——不管是人臉辨識、自動翻譯、自駕車或能偵測心血管疾病的智慧手表 APP, 它們都是在運用機器學習的技術打造模型並用來辨認／預測資料, 只不過模型的複雜度和技術更深罷了。

重點整理

0. 能用來辨認或預測資料分類的機器學習演算法稱為**分類器 (classifier)**。我們可透過 scikit-learn 套件來輕鬆運用它們。

1. 本章介紹了三種常用的分類器: **K 近鄰 (K-nearest neighbors, KNN), 邏輯斯迴歸 (Logistic Regression), 以及支援向量機 (support vector machine, SVM),** 它們屬於**監督式學習 (supervised learning)** 演算法, 各自使用不同的原理來預測資料分類。

2. 用分類器對測試集做預測後, 可以用模型的 score() 函式看其預測準確率。你也可用 classification_report() 來取得預測的**精準率 (precision)、召回率 (recall)** 等數據。

3. 有些模型可藉由增加訓練迭代次數來得到更佳結果。此外, **資料標準化 (standardization)** 也能減少模型訓練時間、並進一步提高預測準確率。

4. **主成分分析 (principal component analysis, PCA)** 可以保留資料中變異程度最大的一些變數, 藉此簡化資料 (降維)。資料簡化有助於減少模型訓練時間。

Appendix

A

安裝並使用 Jupyter Notebook 編輯器

Jupyter Notebook 是全球最受歡迎的 Python 編輯器之一, 其友善的互動介面和內建的豐富資料科學套件, 使它成為許多人學習 Python 程式設計的首選。

若想使用 Jupyter Notebook, 最快的方式是安裝 **Anaconda**, 這個免費工具包含了多種 Python 編輯器以及 Python 執行環境。

> **Tip** | 由於此軟體更新速度很快, 我們會於以下網址提供線上持續更新的本書 bonus: www.flag.com.tw/bk/t/f0753

A-0　下載並安裝 Anaconda

到 Anaconda 官網下載個人版 (Individual version):

> https://www.anaconda.com/products/individual

點畫面中的 『Download』, 然後依據你的系統下載對應的版本。例如, 若你使用 64 位元 Windows 系統, 就下載 64-Bit Graphical Installer (466 MB):

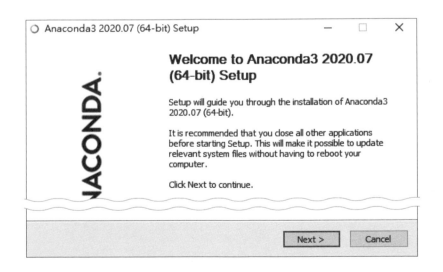

下載和安裝過程將花費約 15-20 分鐘, 實際時間取決於您的系統規格和網路連線狀況。你的電腦也至少需要 3 GB 的安裝空間。

等安裝檔下載完畢後執行它, 開始安裝程序：

一直按 Next, 不須勾選任何東西, 接下來就等待安裝結束：

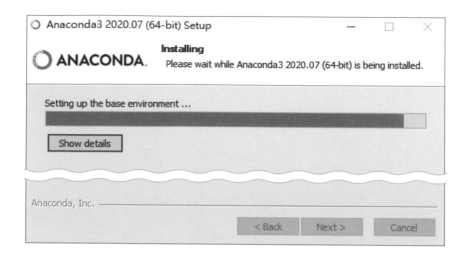

在最末的畫面中, 取消勾選畫面上的選項 (不需要看教學及說明文件), 並按 Finish 結束安裝：

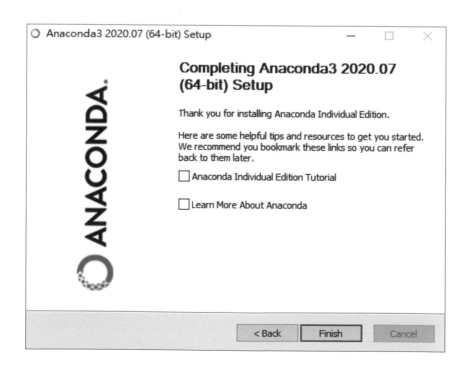

A-1　啟動 Jupyter Notebook

以 Windows 系統為例, 在
『開始』選單中尋找 Anaconda
資料夾, 點選底下的 **Jupyter
Notebook (anaconda3)**：

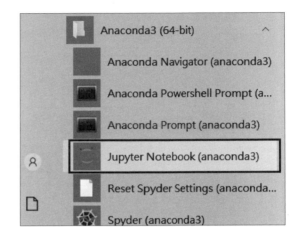

這時應該會先看到一個黑色終端機畫面 (請不要關掉), 等待片刻後你的
瀏覽器會打開一個新畫面：

這畫面列出的內容, 其實是你的電腦系統檔案目錄, 讓你能新增、開啟或
刪除 Jupyter Notebook 的程式檔案。

A-2 使用編輯器記事本

Jupyter Notebook 用來儲存程式碼的檔案格式比較特別, 副檔名為 .ipnyb, 是所謂的『記事本』(notebook) ── 有點像一般文字檔和程式編輯器的綜合體, 你可以在程式碼前後寫筆記。

▍新增記事本

在前面的畫面右上角點 New, 然後在出現的下拉選單中選一個 Python 3.x.x:

Tip	這個畫面代表的是 Jupyter Notebook 要使用的 Python 環境, 各位的電腦上顯示的結果可能稍有不同。基本上它們沒有什麼差別, 可以的話就選 Python 3 這項。

點下去後, 會跳出一個新畫面, 這便是編輯器的記事本畫面。你在這本書就會在這個畫面撰寫和執行程式:

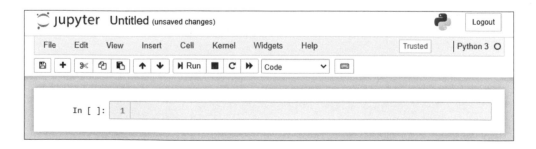

▍在程式碼格子內執行程式碼

在上面的畫面中, 底下寫著 In [ ] 的地方就是輸入和執行程式之處, 這格子稱為一個 cell (程式碼格子)。

你可以試試看在這裡輸入算式, 比如 8 + 9:

你有幾種方式能執行這行程式。第一種是點一下格子後, 點選選單下方的 ▶ Run (執行):

可看到下方出現一個寫著 Out[ ] 的格子, 裡面是執行結果。(In 與 Out 後面的數字代表你在這個筆記本執行的第 N 個格子。)

另一種方式是點一下格子後, 按鍵盤的 Ctrl + Enter 或 Shift + Enter 。(兩者的差別在於, Shift + Enter 會在執行程式後, 於底下新增新的程式碼格子。)

選單 **Cell** 中的 **Run all** 會由上而下執行這個記事本中**所有的**程式碼格子。你也可以按鍵盤的 Ctrl + Shift + Alt + Enter 。

Tip | 假如某格子的程式執行後進入無窮迴圈 (見第 0 和第 4 章) 或執行太久, 可用 Run 右邊的 ■ 來停止它。

▌插入與刪除格子

如果想在已經存在的多個格子之間插入新格子，可點一下其中一格，然後點選單下方的 + 號。或者，你可點選選單 Insert 的 Insert Cell Above (於上方插入格子) 或 Insert Cell Below (於下方插入格子)：

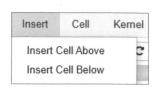

若要刪除某個格子，點一下格子然後從選單 Edit 選擇 Delete Cells：

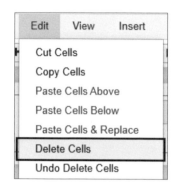

▌複製與貼上格子

承上一小節，如果想複製某個格子，你可以點一下格子並按 Copy Cells，然後選擇以下貼上方式：

- **Paste Cells Above**：在目前選擇的格子上方貼上格子。

- **Paste Cells Below**：在目前選擇的格子下方貼上格子。

- **Paste Cells & Replace**：取代目前選擇的格子。

▌切換格子的筆記／程式碼樣式

如果想在記事本中打些文字筆記, 辦法是先新增一個程式碼格子, 然後從 **Cell** 選單選擇 **Cell Type → Markdown**:

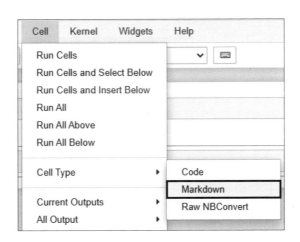

這時在新格子內輸入文字和『執行』它, 就會變成一般文字, 而不會當成程式執行:

如果要把純文字格子（筆記格子）轉回原本的程式碼格子, 選擇它後點 **Cell → Cell Type → Code** 即可。

儲存記事本和管理檔案

Jupyter Notebook 會自動儲存你的記事本為 Untitle.ipynb (在 Windows 系統會位於 **C:\Users\你的使用者名稱** 目錄下)。若想自行命名記事本檔案, 可依下列方式修改:

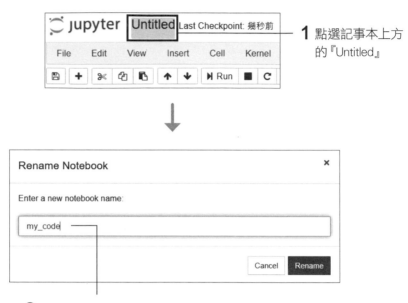

1 點選記事本上方的『Untitled』

2 輸入新名稱 (不含副檔名)

你也可以使用選單 **File → Save as...** 來另存新檔:

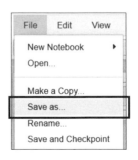

Tip │ 在這個選單中, 你也可以點 **New Notebook** 來打開新筆記本。

檔案命名過或另存後, 你就能在之前的 Jupyter Notebook 檔案瀏覽器中看到你的記事本檔案 (你也可以點筆記本的 **File → Open** 來打開新的檔案瀏覽器):

☐ 🗁 seaborn-data	2 個月前	
☐ 🗁 Searches	4 個月前	
☐ 🗁 STMicroelectronics	4 個月前	
☐ 🗁 T	7 個月前	
☐ 🗁 usb_driver	4 個月前	
☐ 🗁 venv	7 個月前	
☐ 🗁 Videos	4 個月前	
☐ 🗁 vimfiles	3 個月前	
☐ 🗁 VirtualBox VMs	3 個月前	
☑ 🗋 my_code.ipynb	Running 4 分鐘前	555 B
☐ 🗋 _viminfo	3 個月前	726 B

在上面的檔案畫面中, 若你的記事本檔案旁邊有 Running 字樣, 代表它的 Python 環境正在執行中。如果你想複製、刪除檔案或再次更改檔名, 請先勾選該檔案、再用畫面上方的 **Shutdown** 關閉該環境:

直譯器關閉後, 檔案的其他操作功能就會出現了:

▌開啟其他位置的記事本檔案

承上小節, 你能用 Jupyter Notebook 的檔案瀏覽器來開啟其他記事本檔案 (像是你下載的本書範例程式)。舉例來說, Windows 使用者能先將檔案放在『下載』資料夾, 然後從檔案瀏覽器打開該資料夾:

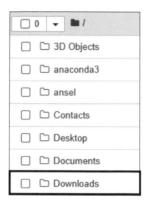

進入目標資料夾後, 點選副檔名為 .ipynb 的記事本檔案就能開啟它並啟動 Python 環境:

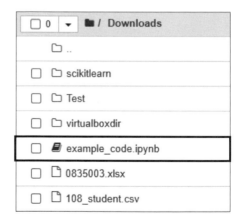

若想回到上一層目錄, 點檔案瀏覽器上方的資料夾圖示或目錄名稱即可。